高等职业教育（本科）机电类专业系列教材

钳　工　实　训

第 2 版

主　编　柴增田
副主编　董庆华　蔡晓春
参　编　姜　德　万　涛　王　文　徐晓东
主　审　苏海青

机械工业出版社

本书是按照高等职业本科教育的培养目标和钳工实训课程定位，为满足高等职业本科教育培养"高层次技术技能人才"的要求而编写的。全书共11章，包括测量基础知识及常用量具、钳工概述、划线、锯削、锉削、钻孔及铰孔、攻螺纹与套螺纹、铆接、刮削、研磨、钣金工。

本书可作为高等职业本科汽车类、机械类或近机械类专业的钳工实训教材，也可作为高等职业院校相关专业教材，还可供有关工程技术人员、技术工人学习参考。

本书配有电子课件、教案、视频素材，凡使用本书作为教材的教师可登录机械工业出版社教育服务网 www.cmpedu.com 注册后免费下载。咨询电话：010 – 88379375。

图书在版编目（CIP）数据

钳工实训/柴增田主编. —2 版. —北京：机械工业出版社，2019.1
（2024.8重印）
高等职业教育（本科）机电类专业系列教材
ISBN 978-7-111-61809-6

Ⅰ.①钳…　Ⅱ.①柴…　Ⅲ.①钳工-高等职业教育-教材　Ⅳ.①TG9

中国版本图书馆 CIP 数据核字（2019）第 008402 号

机械工业出版社（北京市百万庄大街 22 号　邮政编码 100037）
策划编辑：刘良超　　　　　责任编辑：刘良超
责任校对：潘　蕊　张晓蓉　封面设计：鞠　杨
责任印制：邸　敏
中煤（北京）印务有限公司印刷
2024 年 8 月第 2 版第 5 次印刷
184mm×260mm·9.25 印张·220 千字
标准书号：ISBN 978-7-111-61809-6
定价：29.80 元

电话服务　　　　　　　　　网络服务
客服电话：010-88361066　　机 工 官 网：www.cmpbook.com
　　　　　010-88379833　　机 工 官 博：weibo.com/cmp1952
　　　　　010-68326294　　金 书 网：www.golden-book.com
封底无防伪标均为盗版　　机工教育服务网：www.cmpedu.com

前　言

本书是按照高等职业本科教育的培养目标和钳工实训课程定位，为满足高等职业本科教育培养"高层次技术技能人才"的要求而编写的。

全书共11章，包括测量基础知识及常用量具、钳工概述、划线、锯削、锉削、钻孔及铰孔、攻螺纹与套螺纹、铆接、刮削、研磨、钣金工。

本书的编写原则：

1）使用的术语、名词、标准等均执行了现行国家标准及法定计量单位。

2）每章后附有思考题，供学生复习时使用。

3）在编写中尽可能做到对内容叙述简练，图文结合，深入浅出。

4）配套资源丰富，包括电子课件、教案、视频素材等，实现了立体化配套，老师易教、学生易学。

此外，本书融合了新时代思政教育，介绍了多个专业领域的钳工先进人物事迹，展现了大国工匠的精神风貌，从而提升学生的政治素养，激发学生民族自豪感与使命感，培养更多的服务于国家建设的能工巧匠。本书采用双色印刷，突出了重点内容。为了满足信息化教学的需求，本书将钳工的许多实际操作及工具使用方法制作成微课视频，以二维码链接形式置于书中相关知识点处，学生使用手机扫码即可随时随地获取相关资源。

本书由河北石油职业技术大学柴增田任主编，河北石油职业技术大学董庆华、湖南有色金属职业技术学院蔡晓春任副主编，河北石油职业技术大学姜德、徐晓东，河南职业技术学院王文、万涛参与了本书的编写。河北石油职业技术大学苏海青教授审阅了本书并提出了宝贵意见。

本书编写过程中参考了大量有关院校和专家的文献资料，在此对相关人员表示衷心的感谢。

由于编者水平有限，书中难免有缺点和错误，恳请广大读者批评指正。

编　者

二维码索引

资源名称	二维码	页码	资源名称	二维码	页码
游标卡尺的结构及读数方法		10	锉削		49
外径千分尺的结构及读数方法		13	钻孔		65
划线		29	螺纹加工		78
锯削		37			

目　录

第一章

测量基础知识及常用量具

 学习目标

1. 了解测量方面的基础知识、常用量具的原理及维护。
2. 掌握机械加工精度及表面粗糙度的基本概念。
3. 重点掌握常用测量器具的使用方法和读数方法。

技术测量是确认机械加工质量的重要技术手段，机械加工中的测量技术主要包括机械加工精度及表面粗糙度的几何参数测量，也包括量具的使用及合理选择测量方法。

第一节 机械加工精度及表面粗糙度

机械加工精度及表面粗糙度是评价机械加工质量的重要方面。

一、机械加工精度

机械加工精度包括：尺寸精度、形状精度与位置精度。

1. 尺寸精度

1）加工精度与加工误差。机械加工精度指零件加工后的实际几何参数（尺寸大小、几何形状、相互位置）与理论的几何参数的符合程度。符合程度越高，加工精度越高。

加工误差是机械零件加工后的实际几何参数与理论几何参数的偏离程度。偏离越大，加工误差就越大。加工误差越大，则加工精度越低；反之越高。

2）公称尺寸。公称尺寸是机械零件设计时给定的尺寸，图1-1是孔和轴的公称尺寸标注示例。一般孔的公称尺寸用 D 表示，轴的公称尺寸用 d 表示。

3）极限尺寸与偏差。设计时允许尺寸变化的两个界限为极限尺寸，其中一个为上极限尺寸，一个为下极限尺寸，分别以 D_{max}、D_{min} 和 d_{max}、d_{min} 代表孔和轴的上极限尺寸及下极限尺寸。

尺寸偏差是指某一尺寸减去公称尺寸所得的代数差。上极限尺寸减去公称尺寸所得的代数差为上极限偏差，下极限尺寸减去公称尺寸所得的代数差为下极限偏差，如图1-2所示（图中零线即表示公称尺寸）。

偏差可有正值、负值、零值。

4）公差。公差是允许尺寸的变动量，是上极限尺寸与下极限尺寸代数差的绝对值。

公称尺寸、偏差、公差都已标准化，可以参考相应的国家标准。

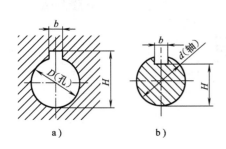

图 1-1　孔和轴的公称尺寸

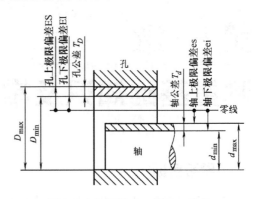

图 1-2　极限尺寸、偏差、公差

例　图样中标注孔 $\phi25\text{mm}$、轴 $\phi25\text{mm}$，如图 1-3 所示，计算极限尺寸、偏差、公差。

解　孔和轴的公称尺寸都是 $\phi25\text{mm}$。

1）轴（图 1-3a）

轴的上极限尺寸　$d_{max} = \phi24.993\text{mm}$

轴的下极限尺寸　$d_{min} = \phi24.980\text{mm}$

轴的上极限偏差（用 es 表示）

$$\text{es} = d_{max} - d = (24.993 - 25.000)\text{mm} = -0.007\text{mm}$$

轴的下极限偏差（用 ei 表示）

$$\text{ei} = d_{min} - d = (24.980 - 25.000)\text{mm} = -0.020\text{mm}$$

轴的公差（用 T_α 表示）

$$T_\alpha = d_{max} - d_{min} = (24.993 - 24.980)\text{mm} = 0.013\text{mm}$$

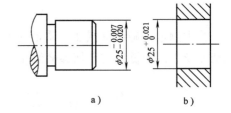

图 1-3　轴和孔尺寸标注示例
a）轴　b）孔

2）孔（图 1-3b）

孔的上极限尺寸　$D_{max} = \phi25.021\text{m}$

孔的下极限尺寸　$D_{min} = \phi25.000\text{mm}$

孔的上极限偏差（用 ES 表示）

$$\text{ES} = D_{max} - D = (25.021 - 25.000)\text{mm} = 0.021\text{mm}$$

孔的下极限偏差（用 EI 表示）

$$\text{EI} = D_{min} - D = (25.000 - 25.000)\text{mm} = 0\text{mm}$$

孔的公差（用 T_D 表示）

$$T_D = D_{max} - D_{min} = (25.021 - 25.000)\text{mm} = 0.021\text{mm}$$

2. 几何精度

（1）几何公差　几何精度用几何公差来表示，几何公差是图样中对要素的形状和位置规定的最大允许的变动量。

与几何公差相关的国家标准包括 GB/T 1182—2008《产品几何技术规范（GPS）几何公差 形状、方向、位置和跳动公差标注》、GB/T 13319—2003《产品几何量技术规范（GPS）几何公差 位置度公差注法》、GB/T 1184—1996《形状和位置公差 未注公差值》、GB/T 1958—2017《产品几何技术规范（GPS）几何公差 检测与验证》等。

任何机械零件就其几何体而言，都是由若干点、线、面构成的，这些点、线、面在几何公差中称为要素，形状公差是指构成零件的几何特征的点、线、面要素之间的实际形状相对于理想形状的允许变动量。位置公差是指零件上的点、线、面要素的实际位置相对于理想位置的允许变动量。零件图样上仅对要素本身给出几何公差的要素，称为单一要素；对其他要素有位置公差要求的要素称为关联要素。例如：有平面度要求的平面为单一要素，中心线对其他平面有平行度要求或垂直度要求的要素为关联要素。

（2）几何公差分类及项目符号

1）几何公差的分类。几何公差以零件几何要素分类，即单一几何误差和关联几何误差。单一要素的几何误差包括直线度、平面度、圆度、圆柱度、线轮廓度、面轮廓度。关联要素的位置误差分为方向、位置和跳动误差。

2）各种几何公差项目及符号（见表1-1）。

表1-1 几何公差的分类与特征符号（GB/T 1182—2008）

公差类别	几何特征名称	被测要素	符 号	有无基准
形状公差	直线度	单一要素	⎯	无
	平面度		▱	
	圆度		○	
	圆柱度		⌀	
	线轮廓度		⌒	
	面轮廓度		◠	
方向公差	平行度	关联要素	//	有
	垂直度		⊥	
	倾斜度		∠	
	线轮廓度		⌒	
	面轮廓度		◠	
位置公差	位置度	关联要素	⊕	有或无
	同心度（用于中心点）		◎	有
	同轴度（用于轴线）		◎	
	对称度		=	
	线轮廓度		⌒	
	面轮廓度		◠	
跳动公差	圆跳动	关联要素	↗	有
	全跳动		↗↗	

（3）几何公差的标注

1）直线度。它是指零件上被测直线偏离其理想形状的程度。在给定平面内直线度如图1-4所示。

2）平面度。平面度是指单一提取平面所允许的变动量。图1-5表示平面度的标注及其公差带。

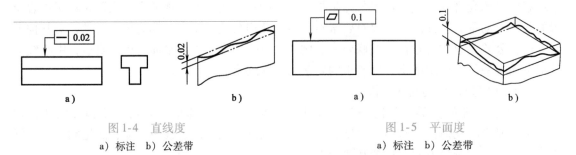

图1-4　直线度
a）标注　b）公差带

图1-5　平面度
a）标注　b）公差带

3）圆度。圆度是限制实际圆对理想圆变动量的指标。图1-6表示垂直于轴线的任意正截面上，该圆必须位于半径差为公差值 T（0.02mm）的两个同心圆之间。

实际圆是一个封闭的平面曲线。

4）圆柱度。圆柱度是限制实际圆柱对理想圆柱变动量的一项综合指标。图1-7表示圆柱面必须位于半径差为公差值 T（0.05mm）的两个同轴圆柱面之间。

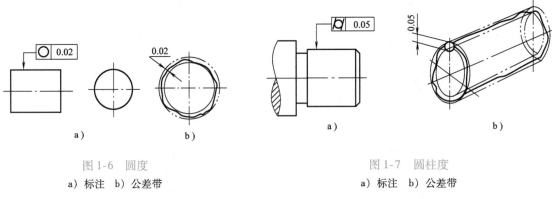

图1-6　圆度
a）标注　b）公差带

图1-7　圆柱度
a）标注　b）公差带

5）线轮廓度。线轮廓度是对曲线形状精度的要求，是限制实际曲线对理想曲线变动量的一项指标。图1-8表示的线轮廓度公差带为包络一系列直径为公差值 T（0.04mm）的圆的两包络线之间的距离。

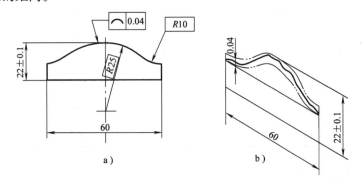

图1-8　线轮廓度
a）标注　b）公差带

6）面轮廓度。面轮廓度是对曲面精度的要求，是限制实际曲面对理想曲面变动量的一项指标。图 1-9 表示的面轮廓度公差带为包络一系列直径为公差值 T（0.02mm）的球的两个包络面之间的区域。

7）平行度。平行度是限制实际要素对基准要素在平行方向上变动量的一项指标。平行度公差带的特点是与基准平行。

图 1-10 表示基准为平面，被测要素只能在唯一的方向上有平行度要求，公差带为距离为公差值 T（0.05mm）且平行于基准平面的两平行面之间的区域。

8）垂直度。垂直度是限制被测要素对基准要素在垂直方向变动量的一项指标。垂直度公差带的特点是与基准垂直，图 1-11 表示面对面的垂直度。

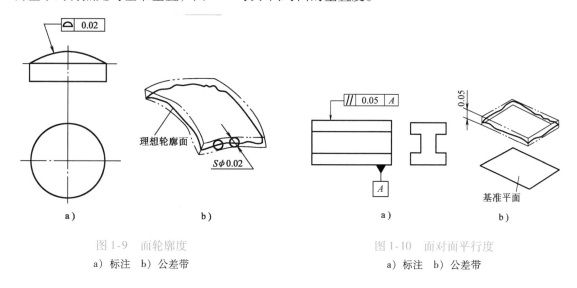

图 1-9　面轮廓度　　　　　　　　　　图 1-10　面对面平行度
a）标注　b）公差带　　　　　　　　　a）标注　b）公差带

9）倾斜度。当被测要素与基准倾斜一定角度时（除去 0° 和 90°），称为倾斜度。图 1-12 为倾斜度的标注方法，其公差带是距离为公差值 T（0.08mm）且与基准成一定理论正确角度的两平行平面之间的区域。

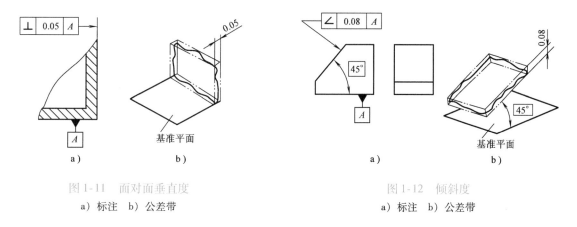

图 1-11　面对面垂直度　　　　　　　　图 1-12　倾斜度
a）标注　b）公差带　　　　　　　　　a）标注　b）公差带

10）同轴度。同轴度是限制被测轴线偏离基准轴线的一项指标。被测轴线相对基准轴线可以有平移、倾斜、弯曲的误差。图 1-13 的标注表示 ϕd 的轴线必须位于直径为公差值 T

（0.1mm），且与基准轴线同轴的圆柱面内。同轴度影响机械的旋转精度及装配要求。

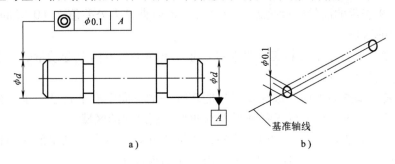

图 1-13　同轴度
a）标注　b）公差带

11）对称度。对称度是限制中心要素（中心平面、中心线或轴线）偏离基准中心要素的一项指标。

图 1-14 的标注表示公差带是距离为公差值 T（0.1mm），且相对基准中心平面对称配置的两平行面之间的区域。

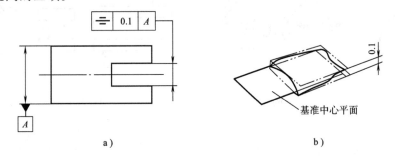

图 1-14　面对面对称度
a）标注　b）公差带

12）位置度。位置度是限制被测点、线、面的实际位置对理想位置变动量的一项指标。

图 1-15 表示孔的位置度，公差带是直径为公差值 T（0.3mm）且以线的理想位置为轴线的圆柱面内的区域。

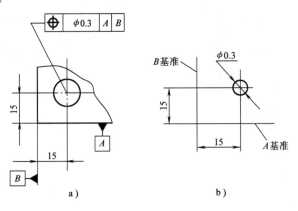

图 1-15　孔的位置度
a）标注　b）公差带

13）圆跳动。圆跳动公差是关联实际要素绕基准轴线做无轴向移动回转一周时，在任一测量面内所允许的最大跳动量。它包括径向圆跳动和轴向圆跳动。

径向圆跳动是反映圆柱面各点距离轴线回转半径的变化量，其公差带是垂直于基准轴线的任一测量平面内半径差为公差值 T，且圆心在基准轴线上的两个同心圆之间的区域，图1-16所示为径向圆跳动，T 值为 0.05mm。

轴向圆跳动是反映端面上各点绕基准轴线回转时沿轴向的变动量。其公差带是与基准轴线同轴的任意直径位置的测量圆柱面上沿母线方向宽度为 T 的圆柱面区域。图1-17所示为轴向圆跳动，T 为 0.05mm。

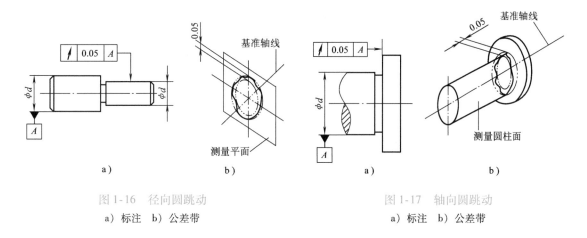

图1-16　径向圆跳动
　a）标注　b）公差带

图1-17　轴向圆跳动
　a）标注　b）公差带

14）全跳动。全跳动是整个测量要素相对于基准要素的跳动总量，包括径向全跳动和轴向全跳动。

图1-18表示径向全跳动的公差带是半径差为公差值 T（0.2mm），且与基准轴线同轴的两圆柱面之间的区域。

图1-19表示轴向全跳动的公差带是距离为 T（0.05mm），且与轴线垂直的两个平行平面之间的区域。

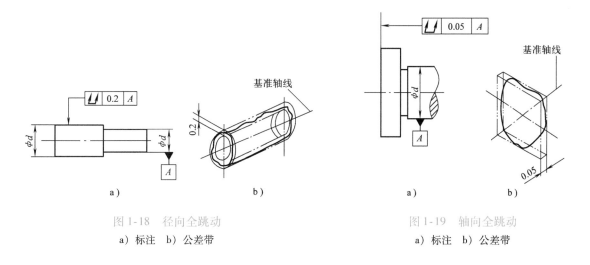

图1-18　径向全跳动
　a）标注　b）公差带

图1-19　轴向全跳动
　a）标注　b）公差带

二、表面粗糙度

经过机械加工的表面其实际轮廓总会有误差。根据误差产生的性质和原因，这些误差通常可分解为表面粗糙度、波度和几何形状误差，如图 1-20 所示。

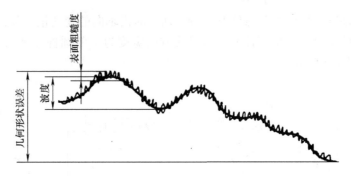

图 1-20　加工表面的误差

表面粗糙度是指加工表面具有较小的间距和峰谷所组成的微观几何形状特征。表面粗糙度对机械零件的功能有着重要的影响。

1. 表面粗糙度评定参数及数值

国家标准（GB/T 1031—2009）规定，表面粗糙度的评定参数包括两个基本参数，轮廓算术平均偏差（Ra）和轮廓最大高度（Rz）。

评定机械零件的表面粗糙度多选用轮廓算术平均偏差 Ra，它是指在一个取样长度内纵坐标 $Z(x)$ 绝对值的算术平均值，如图 1-21 所示。

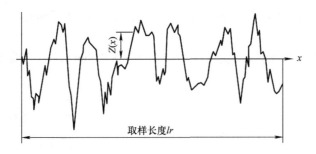

图 1-21　表面几何形状误差

其数学表达式为

$$Ra = \frac{1}{lr}\int_0^{lr} |Z(x)| \, \mathrm{d}x$$

2. 表面粗糙度的标注

国家标准（GB/T 131—2006）规定了零件的表面结构代（符）号及其在图样上的标注。图样上给定的表面结构代（符）号，是机械加工完后的要求和按功能需要给出的表面特征的各项要求。例如：

√表示不需要机械加工（也称用不去除材料的方法获得）。

表示表面用去除材料的方法获得。

表面粗糙度的标注方式如图 1-22 所示。

3．表面粗糙度的测量

目前常用的表面粗糙度的测量方法有四种，即比较法、光切法、干涉法、针描法。目前一般车间常用的方法为比较法，重要的表面有时采用其他三种方法，将在以后的课程中介绍。

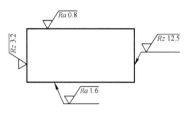

图 1-22　表面粗糙度的标注

比较法是将被测表面与表面粗糙度样板对照，用肉眼或借助放大镜、比较显微镜进行比较；也可用手摸、指甲划动的感觉来判断被加工表面的表面粗糙度。

表面粗糙度样板的材料、形状、加工工艺应尽量与被加工件相同，这样才能便于比较，否则会产生较大的误差。

比较法只限于表面粗糙度数值较大的近似评定。

第二节　钳工常用测量器具

钳工在生产中，离不开各种量具与量仪。熟悉不同量具、量仪的性能及结构特点，正确选用与被测工件精度相适应的量具、量仪，同时掌握正确的使用方法，可以减少测量误差，保证产品质量。

一、游标量具

游标量具是应用游标读数原理制成的量具。常用的有游标卡尺、深度游标尺、高度游标尺、齿厚游标卡尺和游标万能角度尺等。

游标量具具有结构简单、使用方便、测量范围大等特点。下面介绍游标卡尺和游标万能角度尺的使用。

1．游标卡尺

游标卡尺分为三用游标卡尺（图 1-23）、两用游标卡尺。三用游标卡尺测量范围为 0～150mm，两用游标卡尺测量范围更大。

游标卡尺是一种比较精密的量具，它可以直接量出工件的内径、外径、宽度、深度等。按照读数的准确度，游标卡尺可分为 1/10、1/20、1/50 三种，它们的分度值分别是 0.1mm、0.05mm 和 0.02mm。游标卡尺的测量范围有 0～125mm、0～200mm、0～300mm 等数种规格。

图 1-24 是以 1/50 的游标卡尺为例，说明它的刻线原理和读数方法。

（1）刻线原理　当内外量爪和尺框贴合时，游标上的零线对准尺身的零线（图 1-24a），尺身每一小格为 1mm，取尺身 49mm 长度在游标上等分为 50 格，即尺身上 49mm 刚好等于游标上 50 格。

游标每格长度 =49mm/50 =0.98mm。尺身与游标每格之差 =1mm -0.98mm =0.02mm。

（2）读数方法　如图 1-24b 所示，可分三个步骤：

1）根据游标零线以左的尺身上的最近刻度读出整毫米数。

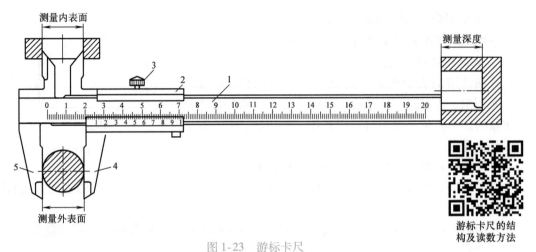

图 1-23　游标卡尺

1—尺身　2—游标　3—制动螺钉　4—内外测量爪　5—尺框

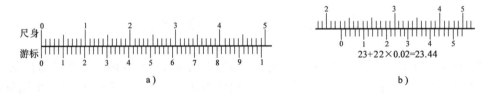

$$23+22\times 0.02=23.44$$

a)　　　　　　　　　　　　b)

图 1-24　1/50 游标卡尺的读数及示例

2）根据游标零线以右与尺身上刻线对准的刻线数乘上 0.02 读出小数。

3）将上面整数和小数两部分尺寸加起来，即为总尺寸。

用游标卡尺测量工件时，应使测量爪逐渐与工件表面靠近，最后达到轻微接触，如图 1-25 所示。还要注意游标卡尺必须放正，切忌歪斜，以免测量不准。

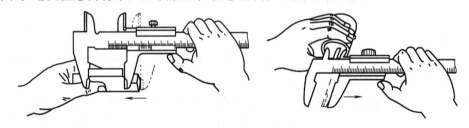

图 1-25　用游标卡尺测量工件

（3）游标卡尺的正确使用　主要应注意以下几点：

1）用游标卡尺测量时，用力应适度，否则将影响测量精度。

2）测量时应使游标卡尺的测量爪与被测面平行接触。

3）测量深度时，应使游标卡尺端面与被测面平行接触，保持尺身垂直，如图 1-26 所示。

4）测量孔距时，应找出最大与最小读数。

2. 游标万能角度尺

游标万能角度尺是用来测量工件内外角度的量具。按游标的分度值分为 2′和 5′两种，

其示值误差分别为 ±2′ 和 ±5′。测量范围是 0°～320°。现在仅介绍分度值为 2′ 的游标万能角度尺的结构、刻线原理和读数方法。

（1）游标万能角度尺的结构　如图 1-27 所示，游标万能角度尺由刻有角度刻线的尺身 1 和固定在扇形板 2 上的游标 3 组成。扇形板可以在尺身上回转移动，形成与游标卡尺相似的结构。90° 角尺 5 可用支架 4 固定在扇形板 2 上，直尺 6 用支架固定在 90° 角尺 5 上。如果拆下 90° 角尺 5，也可将直尺 6 固定在扇形板上。

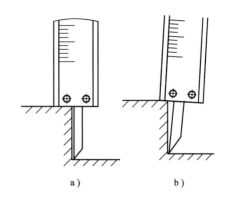

图 1-26　用游标深度尺测量深度
a）正确　b）错误

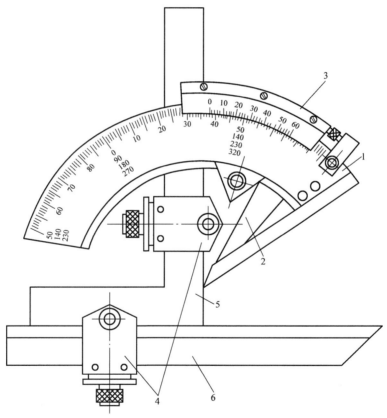

图 1-27　游标万能角度尺

1—尺身　2—扇形板　3—游标　4—支架　5—90°角尺　6—直尺

（2）游标万能角度尺的划线原理及读数方法　尺身刻线每格 1°，游标刻线是将尺身上 29° 所占的弧长等分为 30 格，即每格所对的角度为 $\dfrac{29°}{30}$，因此游标 1 格与尺身 1 格相差：

$$1° - \frac{29°}{30} = \frac{1°}{30} = 2'$$

即游标万能角度尺的分度值为 2′。

游标万能角度尺的读数方法和游标卡尺相似，先从尺身上读出游标零线前的整度数，再从游标上读出角度"′"的数值，两者相加就是被测的角度数值。

（3）游标万能角度尺的测量范围　由于直尺和直角尺可以移动和拆换，因此游标万能角度尺可以测量 0°~320° 的任何角度，其测量范围分为 0°~50°、50°~140°、140°~230°、230°~320° 四种类型，如图 1-28 所示。用万能角度尺测量时，一般用光隙法判断。

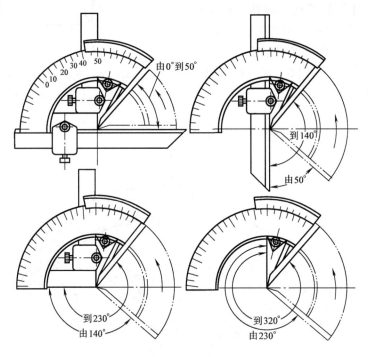

图 1-28　游标万能角度尺的测量范围

二、千分尺

千分尺也称为螺旋测微器、螺旋测微仪，是比游标卡尺更精密的测量长度的工具，用它测长度可以精确到 0.01mm。常用的有外径千分尺、内径千分尺、深度千分尺等。另外还有螺纹千分尺（用于测量螺纹中径）、公法线千分尺（用于测量齿轮公法线长度）。

1. 千分尺的结构

外径千分尺的结构，如图 1-29 所示。尺架 1 的左端有砧座 2，右端是表面有刻线的固定套管 4，里面是带有内螺纹（螺距 0.5mm）的衬套 11，测微螺杆 12 右面的螺纹可沿此内螺纹回转，并用轴套 10 定心。在固定套管 4 的外面是有刻线的微分筒 6，它用锥孔与 12 右端锥体相连。转动手柄 5，通过偏心锁紧可使 3 固定不动。松开罩壳 7，可使 12 与微分筒 6 分离，以便调整零线位置。棘轮 8 用螺钉 9 与罩壳 7 连接，转动棘轮 8，3 就会移动。当测微螺杆 12 的左端面接触工件时，棘轮 8 在棘爪销 14 的斜面上打滑，3 就停止前进。由于弹簧 13 的作用，使棘轮 8 在棘爪销斜面滑动时发出"吱吱"声。如果棘轮盘 8 反方向转动，则拨动棘爪销 14、微分筒 6 转动，使 3 向右移动。

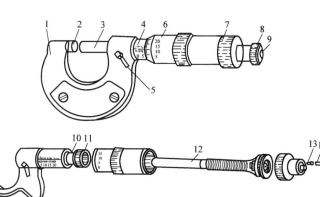

图 1-29　外径千分尺的结构

1—尺架　2—砧座　3—测微螺杆　4—固定套管　5—手柄　6—微分筒　7—罩壳
8—棘轮　9—螺钉　10—轴套　11—衬套　12—测微螺杆　13—弹簧　14—棘爪销

2. 千分尺的刻线原理及读数方法

测微螺杆 12 右端螺纹的螺距为 0.5mm，当微分筒转一周时，螺杆 12 就移动 0.5mm。微分筒圆锥面上共刻有 50 格，因此微分筒每转一格，螺杆 12 就移动 0.5mm/50 = 0.01mm。固定套管上刻有主尺刻线，每格 0.5mm。

在千分尺上读数的方法可分三步：

1）读出微分筒边缘在固定套管主尺的 mm 数和半 mm 数。

2）看微分筒上哪一格与固定套管上基准线对齐，并读出不足半 mm 的数。

3）把两个读数加起来就是测得的实际尺寸。

千分尺的读数方法，如图 1-30 所示。

3. 千分尺的测量范围和精度

千分尺的规格按测量范围分有：0～25mm、25～50mm、50～75mm、75～100mm、100～125mm 等。使用时按被测工件的尺寸选用。

千分尺的制造精度分为 0 级和 1 级两种，0 级精度最高，1 级稍差。千分尺的制造精度主要由它的示值误差和两测量面平行度误差的大小来决定。

4. 内径千分尺

内径千分尺用来测量内径及槽宽等尺寸，外形如图 1-31 所示。内径千分尺的刻线方向与外径千分尺的刻线方向相反。测量范围有 5～30mm 和 25～50mm 两种，其读数方法和测量精度外径与千分尺相同。

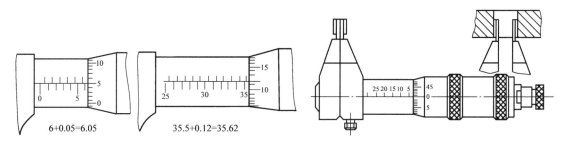

图 1-30　千分尺的读数方法　　　　　　　　　图 1-31　内径千分尺

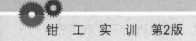

5. 千分尺的正确应用

使用千分尺时应注意以下几点：

1）使用前应将两个测量面擦干净。

2）测量时应首先检查"0"位的正确性。大于25mm的千分尺，要用标准的量杆或量块校对。

3）测量时，当接触被测表面时，应使用棘轮进行测量。

4）测量平面时应微动千分尺，使之与被测表面全部接触。

5）测量大圆柱面时，应微动千分尺，找出垂直于轴线截面的点，才能正确读数。

6）与量块配合进行比较测量，可提高测量精度。使用杠杆千分尺测量大径时，应先用量块校准，然后手按杠杆千分尺的按钮使其测量面接触被测零件，在杠杆千分尺的测微计上读数，其精度可达0.001mm。

三、百分表

百分表可用来检验机床精度和测量工件的尺寸、形状和位置误差。

1. 百分表的结构

百分表结构如图1-32所示。图中1是淬硬的测头，用螺纹旋入齿杆2的下端。齿杆的上端有齿。当齿杆上升时，带动齿数为16的小齿轮3。与小齿轮3同轴装有齿数为100的大齿轮4，再由这个齿轮带动中间的齿数为10的小齿轮5。与小齿轮5同轴装有长指针6，因此长指针就随着小齿轮5一起转动。在小齿轮5的另一边装有大齿轮7，在其轴下端装有游丝，用来消除齿轮间的间隙，以保证其精度。该轴的上端装有短指针8，用来记录长指针的转数（长指针转一周时短指针转一格）。拉簧11的作用是使齿杆2能回到原位。在表盘9上刻有线条，共分100格。转动表圈10，可调整表盘刻线与长指针的相对位置。

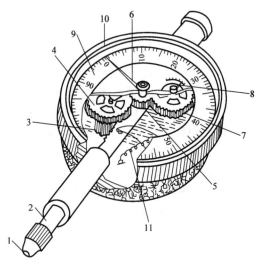

图1-32 百分表的结构

1—测头 2—齿杆 3—小齿轮 4—大齿轮
5—小齿轮 6—长指针 7—大齿轮 8—短指针
9—表盘 10—表圈 11—拉簧

2. 百分表的刻线原理

百分表内的齿杆和齿轮的周节是0.625mm。当齿杆上升16齿时（即上升0.625mm×16＝10mm），16齿小齿轮转一周，同时齿数为100齿的大齿轮也转一周，就带动齿数为10的小齿轮和长指针转10周，即齿杆移动1mm时，长指针转一周。由于表盘上共刻100格，所以长指针每转一格表示齿杆移动0.01mm。

3. 百分表的正确使用

使用百分表时应注意以下几点：

1）使用前应检查百分表示值的稳定性，可反复提起测量杆，放下后观察指针是否回到原位。

2）进行绝对测量时应使表杆与被测表面垂直，如图 1-33 所示，这样可减少测量误差。

3）进行大行程测量时，应采用比较测量法。可提高测量精度，如图 1-34 所示。

4. 内径百分表

内径百分表可用来测量孔径和孔的形状误差，对于测量深孔极为方便。

（1）内径百分表的结构　内径百分表的结构如图 1-35 所示。在测量头端部有可换测头 1 和量杆 2。测量内孔时，孔壁使量杆 2 向左移动而推动摆块 3，摆块 3 使杆 4 向上，推动百分表测头 6，使百分表指针转动而指出读数。测量完毕时，在弹簧 5 的作用下，量杆回到原位。

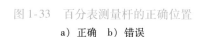

图 1-33　百分表测量杆的正确位置

a）正确　b）错误

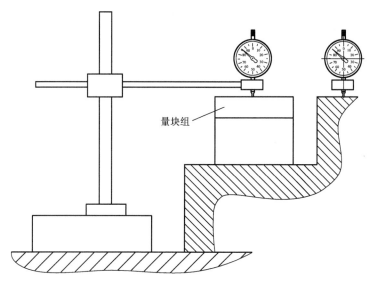

图 1-34　用比较测量法测量两平面的高度

（2）内径百分表的测量范围和示值误差　通过更换可换测头 1，可改变内径百分表的测量范围。内径百分表的测量范围有 6～10mm、10～18mm、18～35mm、35～50mm、50～100mm、100～160mm、160～250mm 等。

内径百分表的示值误差较大，一般为 ±0.015mm。

（3）内径百分表的正确使用　内径百分表使用时应注意以下几点：

1）测量前，应首先用千分尺或标准环规调整百分表到"零"位。

2）测量内孔时，应使内径百分表在孔的轴向截面摆动，如图 1-36 所示，观察百分表指针，取其最小示值读数。

3）测量内平行面时，应使内径百分表测量杆轴线垂直于两平行面，同时上、下摆动，取指针示值最小读数。

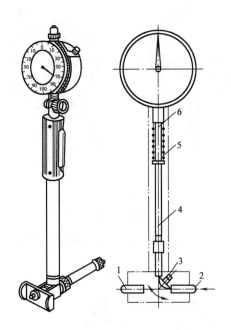

图 1-35　内径百分表

1—可换测头　2—量杆　3—摆块

4—杆　5—弹簧　6—百分表测头

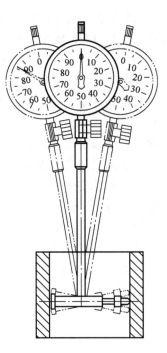

图 1-36　内径百分表的
　　　　　正确使用

四、钳工常用量具的维护和保养

为了保持量具的精度，延长其使用寿命，对量具的维护保养必须十分注意。为此，应做到以下几点：

1）测量前应将量具的测量面和工件被测量面擦净，以免脏物影响测量精度和加快量具磨损。

2）量具在使用过程中，不要和工具、刀具放在一起，以免碰坏。

3）机床开动时，不要用量具测量工件，否则会加快量具磨损，而且容易发生事故。

4）温度对量具精度影响很大，因此，量具不应放在热源（电炉、暖气片等）附近，以免受热变形。

5）量具用完后，应及时擦净、涂油，放在专用盒中，保存在干燥处，以免生锈。

6）精密量具应实行定期鉴定和保养，发现精密量具有不正常现象时，应及时送交计量室检修。

本 章 小 结

本章重点介绍了尺寸精度、几何精度、表面粗糙度的基本概念，常用钳工测量器具的结构原理、读数和使用方法。

思　考　题

1. 将下列长度尺寸用 mm 表示：16.8cm、32cm、2600μm。

2. 将下列英制尺寸换算成 mm：3/4in、11/16in、9/32in、$1\frac{17}{64}$in。

3. 试述 1/20、1/50 游标卡尺的刻线原理。

4. 根据下列尺寸画出游标卡尺的读数示意图：17.35mm、21.24mm。

5. 试述千分尺的刻线原理。

6. 根据下列尺寸，画出千分尺的读数示意图：27.99mm、21.03mm。

7. 为什么百分表齿杆移动 0.01mm 时，大指针转过一格？

8. 试述分度值为 2′ 的游标角度尺的刻线原理，并用读数示意图表示 29°4′。

9. 如何对量具进行维护保养？

10. 根据图 1-37 所示的零件图，对工件进行长度、角度、圆度测量。

11. 根据图 1-38 测量平面度与直线度。

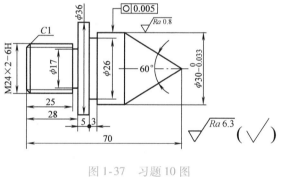

图 1-37　习题 10 图

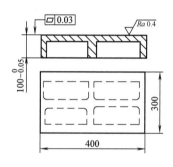

图 1-38　习题 11 图

12. 根据图 1-39，测量孔径、垂直度、同轴度、孔中心距、孔中心高及平行度。

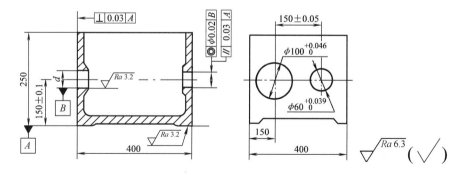

图 1-39　习题 12 图

2

第二章
钳 工 概 述

1. 了解钳工工作的主要内容、钳工工作场地的常用设备。
2. 掌握台虎钳、砂轮机的正确使用方法。

第一节　钳工工作的主要内容

机械制造的全部生产过程，是按照一定的工艺过程进行的。从原材料的准备开始，直至最后装成完整的产品。它具体包括：原材料的运输和储存、生产的准备工作（设计出图样和制订生产计划等）、毛坯制造（锻造、铸造或焊接等）、零件加工、热处理、产品装配以及涂漆、包装等各个方面。

一个机械制造工厂为了完成整个生产过程，除了要设置有关部门和车间外，还要配备各种生产管理人员和技术工人，技术工人直接从事车间的生产劳动。随工作性质和任务的不同，设有铸工、锻工、车工、钳工、铣工、磨工等许多工种。

钳工大多是用手工方法并经常要在台虎钳上进行操作的一个工种。目前，采用机械方法不太适宜或不能解决的某些工作，常由钳工来完成。随着科学技术的发展，钳工工种已有了专业的分工，有普通钳工、划线钳工、模具钳工和维修钳工等。

钳工是机械制造和汽车维修工作中不可缺少的一个工种，它的工作范围很广，因为任何机械设备的制造和修理，总是要经过装配才能完成，而装配工作正是钳工的主要任务之一。此外，钳工还担负着零件加工前的划线、某些精密零件的加工（例如配刮、研磨、锉制样板和制作模具等）以及机械设备的维护修理等任务。

无论哪一种钳工，要完成本职任务，首先应掌握好钳工的各项基本操作。它包括划线、锉削、锯削、钻孔、扩孔、锪孔、铰孔、攻螺纹、套螺纹、校正和弯曲、铆接、刮削、研磨、机器装配调试、测量和简单的热处理等。

第二节　钳工的常用设备及工作场地

一、钳工工作的常用设备

钳工的工作场地是一人或多人工作的固定地点。在工作场地内常用的设备有钳台、台虎钳、砂轮机、台钻和立钻等。

1. 钳台

钳台是钳工的工作台，又称钳桌，如图 2-1 所示。其主要作用是安装台虎钳和存放钳工常用工具、量具、夹具。钳台用木料、铸铁等制成，其高度一般为 800~900mm，长度和宽度可根据工作需要而定。钳台一般有多个抽屉，用来存放工具。

2. 台虎钳

台虎钳装在钳台上，用来夹持工件，如图 2-2 所示。其规格以钳口的宽度表示，有 100mm、125mm 和 150mm 等。

台虎钳有固定式（图 2-2a）和回转式（图 2-2b）两种。回转式台虎钳由于使用方便，故应用较广。其主要构造如下：

固定钳身 1、活动钳身 2、夹紧盘 12 和转盘座 6 都是由铸铁制成。转盘座上有三个螺栓孔，用以与钳台固定。固定钳身可在转盘座上绕轴线转动，当转到要求的方向时，扳动手柄 8 使其夹紧螺钉旋紧，便可在夹紧盘

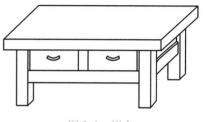

图 2-1 钳台

的作用下把固定钳身紧固。螺母 7 与固定钳身相固定，丝杠 4 穿入活动钳身与螺母配合。摇动手柄 5 使丝杠旋转，就可带动活动钳身移动，起夹紧或放松工件的作用。弹簧 10 靠挡圈 11 固定在丝杠上，其作用是当放松丝杠时，可使活动钳身能及时而平稳地退出。固定钳身和活动钳身上各装有钢质钳口 3，并用螺钉 9 固定。钳口经过淬火，以延长使用寿命。在与工件相接触的工作表面上制有斜纹，使工件夹紧后不易产生滑动。

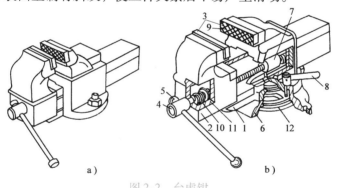

图 2-2 台虎钳

1—固定钳身　2—活动钳身　3—钳口　4—丝杠　5—手柄　6—转盘座
7—螺母　8—手柄　9—螺钉　10—弹簧　11—挡圈　12—夹紧盘

台虎钳的正确使用和维护：

1）台虎钳安装在钳台上时，必须使固定钳身的钳口工作面处于钳台边缘之外，以保证夹持长条形工件时，工件的下端不受钳台边缘的阻碍。

2）台虎钳必须牢固地固定在钳台上，两个夹紧螺钉必须拧紧，使工作时钳身没有松动现象。否则容易损坏台虎钳和影响工作质量。

3）夹紧工件时只允许依靠手的力量来扳动手柄，决不能用手锤敲击手柄或随意套上长管子来扳手柄，以免丝杠、螺母或钳身损坏。

4）在进行强力作业时，应尽量使力量朝向固定钳身，否则将额外增加丝杠和螺母的受力，以至造成螺纹的损坏。

5）不要在活动钳身的光滑平面上进行敲击工作，以免降低它与固定钳身的配合性能。

6）丝杠、螺母和其他活动表面上都要经常加油并保持清洁，以利润滑和防止生锈。

3. 砂轮机

砂轮机用来刃磨錾子、钻头和刮刀等刀具或其他工具，也可用来磨去工件或材料的毛刺、锐边等。

砂轮机主要由砂轮、电动机和机体组成，如图2-3所示。

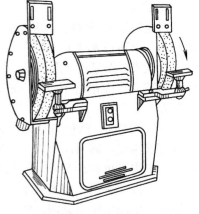

砂轮的质地较脆，而且转速较高，因此使用砂轮机时应遵守安全操作规程，严防产生砂轮碎裂和人身事故。工作时一般应注意以下几点：

1）砂轮的旋转方向应正确（如图2-3中箭头所示），使磨屑向下方飞离砂轮。

2）起动后，待砂轮转速达到正常后再进行磨削。

3）磨削时要防止刀具或工件对砂轮发生剧烈的撞击或施加过大的压力。砂轮表面跳动严重时，应及时用修整器修整。

4）砂轮机的搁架与砂轮间的距离，一般应保持在3mm以内，否则容易造成磨削件被轧入的事故。

图2-3 砂轮机

5）工作者尽量不要站立在砂轮的对面，而应站在砂轮的侧面或斜侧位置。

二、工作场地

合理组织好钳工的工作场地，是提高劳动生产率和产品质量的一项重要措施。为此，必须做到：

1）主要设备的布置要合理适当。如钳台要放在便于工作和光线适宜的地方；两对面使用的钳台中间要装安全网；砂轮机和钻床一般都安装在工作场地的边沿，以保证安全。

2）坯料和工件要有规则地存放，并尽量放在架子上。工件在架子上的存放和架子在工作场地的位置，都要考虑到便于工作。

3）工具的摆放要整齐，不应任意堆放，以防损坏和取用不便。在工作过程中，工具的放置也要整齐合理，并应养成以下习惯：①常用的工具要放在工作位置附近。②精密工具要轻放。③工具要放在清洁的地方，不要随地乱丢。

4）工作场地应经常保持整洁。工作完毕后，所用过的设备和工具都要按要求进行清理和涂油，并放回原来位置；工作场地要清扫干净，切屑等污物要送往指定的堆放地点。

本 章 小 结

本章重点介绍了钳工工作的主要内容、钳台、台虎钳、砂轮机的正确使用方法。

思 考 题

1. 钳工在机械制造过程中的任务有哪些？
2. 怎样正确使用台虎钳？
3. 使用砂轮机时要注意哪些事项？
4. 要组织好钳工的工作场地，应做到哪些方面？

第三章
划　　线

学习目标

1. 了解划线的目的，常用划线涂料的应用，划线常见缺陷、产生原因与解决方法。
2. 掌握常用划线工具的使用方法。
3. 重点掌握划线分类及基准选择、划线时的找正和借料、划线的步骤。

在机械加工过程中，一些形状复杂的毛坯和半成品，需要划出基准线和加工线，作为加工和校正的依据。通过划线，还可以检查毛坯是否合格。对一些局部有缺陷的铸、锻件毛坯可以用划线来调整加工余量，提高坯件的合格率。

第一节　划线的常用工具及划线涂料

在划线工作中，为了保证尺寸的准确性和达到较高的工作效率，必须首先熟悉各种划线工具，并能正确使用它们。

一、划线的常用工具

划线工具按用途分为三类：直接划线工具、基准工具和支承工具。

1. 直接划线工具

直接划线工具有划针、划规、划线盘、样冲等。

（1）划针　划针直接用来划出线条，但常需配合金属直尺、直角尺或样板等导向工具一起使用。它用弹簧钢丝或高速工具钢制成，直径为 3～6mm，长约 200～300mm，尖端磨成 16°～20°的尖角，并经淬火硬化，这样就不容易磨损变钝，如图 3-1 所示。有的划针在尖端焊上一段硬质合金，则更能保持长期的锋利。因为只有锋利的针尖，才能划出清晰的线条。钢丝制成的划针用钝后重磨时，要经常浸入水中冷却，注意不要使针尖过热而退火变软。

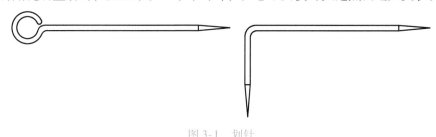

图 3-1　划针

用划针划线时，针尖要紧靠导向工具的边缘；要压紧导向工具，避免滑动而影响划线的准确性。划针的握持方法与用铅笔划线相似，上部向外侧倾斜约 16°~20°，向划线方向倾斜约 45°~75°，如图 3-2 所示。

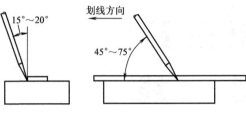

用划针划线要尽量做到一次划成，不要连续几次重复地划，否则线条变粗，反而模糊不清。

图 3-2　划针的使用方法

（2）划规　它在划线工作中用途很多，可以划圆和圆弧、等分线段、等分角度及量取尺寸等。

划规用中碳钢或工具钢制成，两脚尖端经过淬火硬化，有的在两脚端部焊上一段硬质合金，则耐磨性更好。

钳工用的划规有普通划规、弹簧划规和长划规等几种，如图 3-3、图 3-4 所示。最常用的是图 3-3a 所示的普通划规，它结构简单，制造较方便，适用性也比较广。图 3-3b 所示的是一种带有锁紧装置的划规，当调节好尺寸后拧紧螺钉，尺寸就不容易变动，故应用也较广，尤其适用在很粗糙的毛坯表面上划线。弹簧划规在调节尺寸时很方便，但划线时作圆弧的一只脚容易弹动而影响尺寸的准确性，因此仅适用在较光滑的表面上划线（表面光滑时，作圆弧的一脚所受的振动力较小，故不易弹动），如图 3-3c 所示。长划规是专门用来划大尺寸的，在滑杆上移动两个划规脚，就可得到一定的尺寸，如图 3-4 所示。

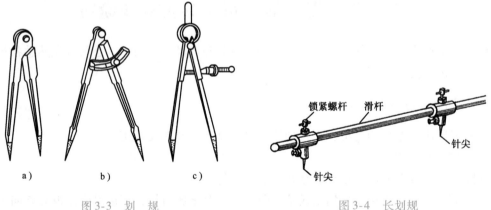

图 3-3　划　规　　　　　　　　　　　图 3-4　长划规

除长划规外，其他几种划规的两脚都要磨成长短一样，而且两脚合拢时脚尖能靠紧，这样才可划出尺寸较小的圆弧，如图 3-5 所示。

图 3-3a 所示的普通划规，其两脚铆合处的松紧应恰当，太松时尺寸容易变动，太紧则调节尺寸费力。

划规的脚尖要保持锋利，以保证划出的线条清楚。

用划规划圆时，作为旋转中心的一脚应加以较大的压力，另一脚则以较轻的压力在工件表面上划出圆弧，这样可避免中心滑移，如图 3-6 所示。

图 3-5　划规脚尖的要求

（3）划线盘及高度尺　划线盘主要用来在工件上划与基准平面平行的直线和平行线，如图 3-7 所示。划针的一端为针尖状，供划线用。另一端有弯钩，用来检查平面是否平整。

高度尺是在尺座上固定一金属直尺，通常配合划线盘量取尺寸，如图 3-8 所示。它由金属直尺和底座组成。

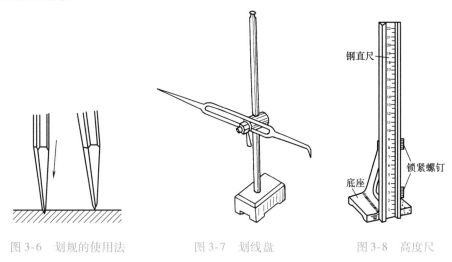

| 图 3-6　划规的使用法 | 图 3-7　划线盘 | 图 3-8　高度尺 |

（4）样冲　为了避免划出的线被擦掉，划线后要用样冲在线条上打出样冲眼作加工标记，如图 3-9 所示。用划规划圆和定钻孔中心时，也需要先打上样冲眼。

样冲用工具钢制成，并经淬火硬化。工厂中也常用废旧铰刀等改制。样冲的尖角一般磨成 45°~60°。

用样冲打样冲眼时，要注意以下几点：

1）要使冲尖对准线条的正中，使样冲眼不偏离所划的线条。

2）样冲眼间的距离可视线段长短而定。一般在直线段上样冲眼的距离可大些，在曲线

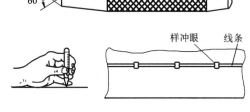

图 3-9　样 冲

段上距离要小些，而在线条的交叉转折处则必须要打样冲眼。

3）样冲眼的深浅要掌握适当，薄壁零件样冲眼要浅些，并应轻敲，以防零件变形或损伤；较光滑的表面样冲眼也要浅，甚至不冲眼；而粗糙的表面要冲得深些。

（5）游标高度尺　它是精密量具之一。它附有一个用硬质合金做成的尖脚，故可用来在工件表面直接划线，如图 3-10 所示。由于其精度高，主要用于已加工表面划线，同时还可以测量平面及检查垂直度。

2. 基准工具

划线平台又称为划线平板，是划线的主要基准工具，如图 3-11 所示，是用铸铁制成的，用来安放工件和划线用的工具。

平台表面的平整性直接影响划线的质量，因此，工作表面要经过精刨或刮削等精确加工。为了长期保持平台表面的平整性，应注意以下一些使用和保养规则：

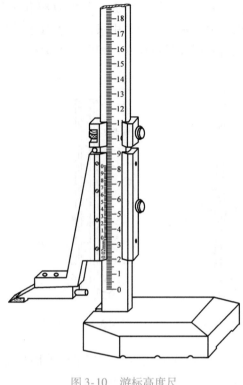

图 3-10　游标高度尺

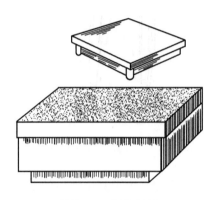

图 3-11　划线平板

1) 安装划线平台，要使上平面保持水平状态，以免倾斜后在长期的重力作用下发生变形。

2) 使用时要随时保持表面清洁，因为有切屑、灰砂等污物时，在划线工具或工件的拖动下要划伤平台表面，同时也可能影响划线精度。

3) 工件和工具在平台上都要轻放，尤其要防止重物撞击平台和在平台上进行较重的敲击工作而损伤表面。

4) 用完后要揩擦干净，并涂上全损耗系统用油，以防生锈。

3. 支承工具

常用的支承工具有方箱、千斤顶和 V 形铁。

(1) 方箱　划线方箱是一个空心的正方体或长方体，六面都经过刨削和精刮加工，并互成直角，方箱上端有放置圆形工件的 V 形槽和夹紧装置。用于划线时夹持较小工件，并能方便翻转后划出工件的垂直线，如图 3-12 所示。

(2) 千斤顶　在较大的工件上划线时，用来支承工件，通常三个为一组，主要用来调平和调整不规则的锻、铸件毛坯。用千斤顶支持工件时，要保证工件稳定可靠，三个支承点所组成的三角形面积要尽量大，同时应在工件下面加垫铁，以防工件滑倒，如图 3-13 所示。

(3) V 形铁　V 形铁主要用来安装圆柱形的工件，以便用划线盘划出中心线或找出中心等。V 形铁用铸铁或碳钢制成，相邻各面互相垂直，V 形槽一般成 90°或 120°角，如图 3-14 所示。

在安装较长的圆形工件时，需要选择两个等高的 V 形铁，这样才能保证划线的准确性。

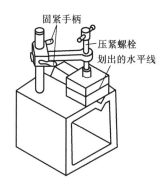
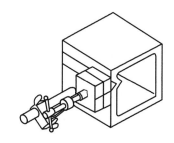

图 3-12 方箱

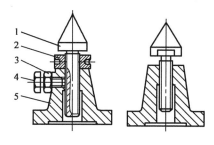

图 3-13 千斤顶

1—螺杆 2—螺母 3—锁紧螺母 4—螺钉 5—底座

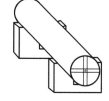
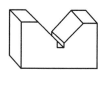

图 3-14 用 V 形铁支承工件

二、划线涂料

为使划出的线条清晰可见，划线前应在零件划线部位涂上一层薄而均匀的涂料，常用划线涂料配方和应用见表 3-1。

表 3-1 常用划线涂料配方和应用

名 称	配 置 比 例	应 用 场 合
石灰石	稀糊状石灰水加适量骨胶	大、中型铸、锻件坯料
紫色	龙胆紫（青莲，普鲁士兰）2%～4%（质量分数，下同），加虫胶漆 3%～5% 和 91%～95% 酒精混合而成	已加工表面
硫酸铜溶液	100g 水中加 1～1.5g 硫酸铜和少许硫酸	形状复杂零件或已加工表面

第二节 划线前的准备工作

在进行划线之前，要事先做好准备工作。它主要包括工件的清理和涂色等几方面。

1. 工件的清理

毛坯件上的氧化铁皮、飞边、残留的泥砂污垢以及已加工工件上的毛刺、切屑等都必须预先清除干净，否则将影响划线的清晰度和损伤较精密的划线工具。

2. 工件的涂色

为了使划出的线条清晰，一般都要在工件的划线部位涂上一层涂料。常用的涂料及其适用的场合见表 3-1。

无论用哪一种涂料，都要尽可能涂得薄而均匀，才能保证划线清晰。涂得太厚则容易剥落。

3. 在工件孔中装中心塞块

在有孔的工件上划圆或等分圆周时，必须先求出孔的中心。为此，一般要在孔中装上中心塞块。对于不大的孔，通常可用铅块敲入，较大的孔则可用木料或可调节的塞块，如图3-15所示。

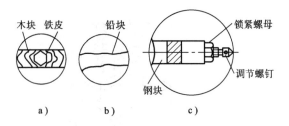

图3-15　在工件孔中装中心塞块
a) 木块　b) 铅块　c) 可调节塞块

第三节　划线的分类及基准选择

一、划线分类

划线分平面划线和立体划线两种。只需在工件的一个表面上划线后，即能明确表示加工界线的，称为平面划线，如图3-16所示。如在板料、条料表面上划线，法兰端面上划钻孔加工线等都属于平面划线。要同时在工件上几个互成不同角度（通常是互相垂直）的表面上都划线，才能明确表示加工界线的，称为立体划线，如图3-17所示。如划出矩形块各表面的加工线以及支架、箱等表面的加工线都属于立体划线。可见，平面划线与立体划线的区别，并不在于工件形状的复杂程度如何，有时平面划线的工件形状比立体划线的还要复杂。

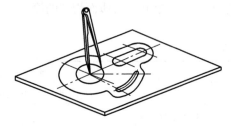

图3-16　平面划线

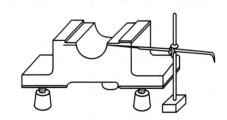

图3-17　立体划线

二、划线基准的选择

一个工件有很多线条要划，究竟从哪一根线开始呢？通常都要遵守一个规则，即从基准开始。基准就是零件上用来确定其他点、线、面的位置的依据。零件图上，用来确定其他点、线、面位置的基准称为设计基准。在划线时，以设计基准作为划线基准可以简化计算，所以划线基准应与设计基准一致。

划线基准一般可根据以下三种类型来选择：

1. 以两个互相垂直的平面（或线）为基准

如图3-18所示，该零件上有垂直两个方向的尺寸。可以看出，每一方向的许多尺寸都是依照它们的外平面（在图样上是一条线而不

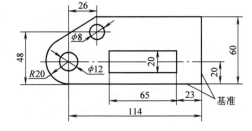

图3-18　以两个互相垂直的平面为基准

是一个面）而确定的。此时，这两个平面就分别是每一方向的划线基准。

2. 以两条中心线为基准

如图 3-19 所示，该零件上两个方向的尺寸与其中心线具有对称性，且其他尺寸也从中心线起始标注。此时，这两条中心线就分别是这两个方向的划线基准。

3. 以一个平面和一条中心线为基准

如图 3-20 所示，该零件上高度方向的尺寸是以底面为基准的，此底面就是高度方向的划线基准。宽度方向的尺寸对称于中心线，故中心线就是宽度方向的划线基准。

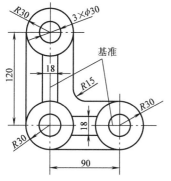

图 3-19　以两条中心线为基准　　　　图 3-20　以一个平面和一条中心线为基准

由于划线时在零件的每一个方向的各尺寸中都需选择一个基准，因此，平面划线时一般要选择两个划线基准，而立体划线时一般要选择三个划线基准。

划线工作必须按基准进行，否则将使划线误差增大，有时甚至使划线产生困难和工作效率降低。

在光坯上划线时，应该以已加工表面为划线基准。因为先加工的表面已保证了有关的要求。

第四节　划线时的找正和借料

立体划线在很多情况下是对铸、锻毛坯划线。各种铸、锻毛坯件，由于种种原因，容易形成形状歪斜、偏心、各部分壁厚不均匀等缺陷。当几何误差不大时，可以通过划线找正和借料的方法来补救。

一、找正

对于毛坯工件，划线前一般要先做好找正工作。找正就是利用划线工具（如划线盘、角尺、单脚规等）使工件上有关的毛坯表面处于合适的位置。找正的目的如下：

1）当毛坯上有不加工表面时，通过找正后再划线，可使加工表面与不加工表面之间保持尺寸均匀。如图 3-21 所示的轴承架毛坯，内孔和外圆不同轴，底面和上平面 A 不平行，因此划线前应找正。在划内孔加工线之前，应先以外圆为找正依据。用单脚规找出其中心，然后按求出的中心划出内孔的加工线。这样，内孔与外圆就可达到同轴要求。在划轴承座底面之前，同样应以上平面（不加工表面 A）为依据，用划线盘找正成水平位置，然后划出底面加工线，这样，底座各处的厚度就比较均匀。

2）当工件上有两个以上的不加工表面时，应选择其中面积较大、较重要的或外观质量要求较高的为主要找正依据，并兼顾其他较次要的不加工表面，使划线后的加工表面与不加工表面之间的尺寸，如壁厚、凸台的高低等都尽量均匀和符合要求，而把无法弥补的误差反映到较次要的或不甚醒目的部位上去。

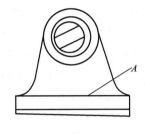

图3-21 毛坯工件的找正

3）当毛坯上没有不加工表面时，通过对各加工表面自身位置的找正后再划线，可使各加工表面的加工余量得到合理和均匀的分布，而避免出现各表面加工余量过于悬殊的状况。

由于毛坯各表面的误差和工件结构形状不同，划线时的找正要按工件的实际情况进行。

二、借料

铸、锻件毛坯在形状、尺寸和位置上的误差缺陷用找正后的划线方法不能补救时，就要用借料的方法来解决。

借料就是通过试划和调整，使各个加工面的加工余量合理分配，互相借用，从而保证各个加工表面都有足够的加工余量，而误差和缺陷可在加工后排除。

要做好借料划线，首先要知道待划毛坯误差程度，确定需要借料的方向和大小，这样才能提高划线效率。如果毛坯误差超出许可范围，就不能利用借料来补救了。

借料的具体过程（举例说明）：

1）图3-22所示的圆环，是一个锻造毛坯，其内、外圆都要加工。

如果毛坯形状比较准确，就可以按图样尺寸进行划线。此时划线工作简单，如图3-22b所示。现在因锻造圆环的内、外圆偏心较大，划线就不是那样简单了。若按外圆找正划内孔加工线，则内孔有个别部分的加工余量不够，如图3-23a所示；若按内圆找正划外圆加工线，则外圆个别部分的加工余量不够，如图3-23b所示。只有在内孔和外圆都兼顾的情况下，将圆心选在锻件内孔和外圆圆心之间的一个适当的位置上，才能使内孔和外圆都有足够的加工余量，如图3-23c所示。这说明通过划线借料，使有误差的毛坯仍能很好地得到利用。当然，误差太大时则无法补救。

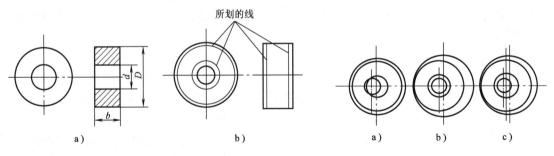

| a) | b) | a) | b) | c) |

图3-22 圆环工作图及划线　　　　　　　图3-23 圆环划线的借料

2）图3-24所示的齿轮箱体是一个铸造毛坯。由于铸造误差，A、B两孔的中心距由图样规定的150mm缩小为144mm，A孔向右偏移6mm。按照一般的划线方法，因为凸台的外

圆 ϕ125mm 是不加工的，为了保证两孔加工后与其外圆同轴，首先应该以两孔的凸台外圆为找正依据，分别找出它们的中心，并保证两孔中心距为 150mm，然后划出两孔的圆周尺寸线 ϕ75mm。但是，由于 A 孔偏心过多，如果按上述一般方法划出的 A 孔，它的右边局部地方便没有足够的加工余量了，如图 3-24a 所示（图中只画出了两孔的尺寸和位置）。

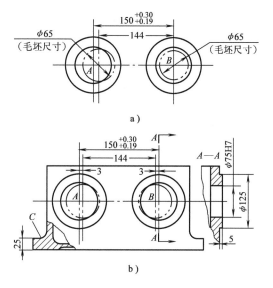

如果用借料的方法将 A 孔中心向左借过 3mm，B 孔中心向右借过 3mm，这时再划两孔的中心线和内孔圆周加工线，就可使得两孔都能分配到加工余量，从而使毛坯得以利用，如图 3-24b 所示。当然，由于把 A 孔的误差平均反映到 A、B 两孔的凸台外圆上，所以划线结果会使凸台外圆与内孔产生偏心，但偏心程度并不显著，对外观质量的影响也不大，一般可符合零件的质量要求。

图 3-24 齿轮箱体划线

a）一般划法 b）借料划法

应该指出，划线时的找正和借料这两项工作是密切结合进行的。例如图 3-24 所示的齿轮箱体，除了要划 A、B 两孔的加工线外，毛坯的其他部位还需要划线。如划底面加工线时，因为平面 C 也是不加工表面，为了保证此表面与底面之间的厚度 25mm 在各处均匀，划线时也要先以 C 面为依据进行找正。在对 C 面找正时，必然会影响到 A、B 两孔的中心高低，可能还要进行高低方面的借料。因此，找正和借料必须相互兼顾，使各方面都满足要求。如果只考虑一方面，忽略其他方面，是不能做好划线工作的。

第五节 划线的步骤和实例

在掌握了划线工具的使用方法和划线工作的基本知识以后，可以进一步了解划线的具体方法。

一、划线的步骤

1）看清楚图样，详细了解工件上需要划线的部位；明确工件及其划线的有关部分的作用和要求；了解有关的加工工艺。

2）选定划线基准。

3）初步检查毛坯的误差情况。

4）正确安放工件和选用工具。

5）划线。

6）详细检查划线的准确性以及是否有线条漏划。

7）在线条上打样冲眼。

划线

划线工作要求认真和细致，尤其是立体划线，往往比较复杂，还必须具备一定的加工工艺和结构知识，才能完全胜任，所以要通过实践锻炼而逐步提高。

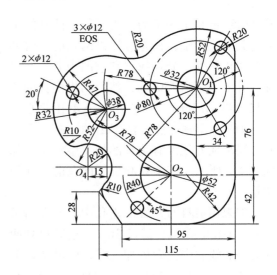

图3-25 划线样板

二、平面划线实例

图3-25是一件划线样板，要求在板料上把全部线条划出。其具体划线过程如下：

按图中尺寸要求，应首先确定以底边和右侧边这两条直线为基准。

1）沿板料边缘划两条垂直基准线。

2）划尺寸42mm水平线。

3）划尺寸75mm水平线。

4）划尺寸34mm垂直线。

5）以O_1为圆心、R78mm为半径作弧并截42mm水平线得O_2点，通过O_2点作垂直线。

6）分别以O_1、O_2点为圆心、R78mm为半径作弧相交得O_3点，通过O_3点作水平线和垂直线。

7）通过O_2点作45°线，并以R40mm为半径截得小圆的圆心。

8）通过O_3点作与水平成20°线，并以R32mm为半径截得另一小圆的圆心。

9）划垂直线与O_3垂直线距离为15mm，并以O_3为圆心、R52mm为半径作弧截得O_4点。

10）划尺寸28mm水平线。

11）按尺寸95mm和115mm划出左下方的斜线。

12）划出φ32mm、φ80mm、φ52mm、φ38mm圆周线。

13）把φ80mm圆周按图作三等分。

14）划出五个φ12mm圆周线。

15）以O_1为圆心、R52mm为半径划圆弧，并以R20mm为半径作相切圆弧。

16）以O_3为圆心、R47mm为半径划圆弧，并以R20mm为半径作相切圆弧。

17）以O_4为圆心、R20mm为半径划圆弧，并以R10mm为半径作两处的相切圆弧。

18）以R42mm为半径作右下方的相切圆弧。

至此全部线条划完。在划线过程中，圆心找出后即应打样冲眼，以备用圆规划圆弧。划水平线和垂直线的方法可按实际条件确定。

三、立体划线实例

现以图3-26所示的轴承座为例来说明其立体划线的方法。

此轴承座需要加工的部位有底面、轴承座内孔、两个螺栓孔及其上平面、两个大端面。

这些加工部位的线条都要划出。需要划线的尺寸共有三个方向，所以工件要安放三次才能划完所有的线条。

划线的基准选定为轴承座内孔的两个中心平面Ⅰ-Ⅰ和Ⅱ-Ⅱ，以及两个螺栓孔的中心平面Ⅲ-Ⅲ，如图3-27～图3-29所示。

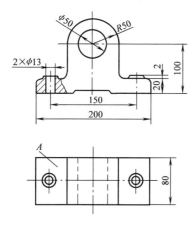

图3-26 轴承座

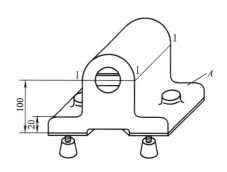

图3-27 划底面加工线

第一次应划底面加工线，如图3-27所示。因为这一方向的划线工作将涉及主要部位的找正和借料。先划这一方向的尺寸线可以正确地找正好工件的位置和尽早了解毛坯的误差情况，以便进行必要的借料，否则会产生返工现象。

先确定φ50mm轴承座内孔和R50mm外轮廓的中心。由于外轮廓是不加工的，并直接影响外观质量，所以应以R50mm外圆为找正依据求出中心。即先在装好中心塞块的孔的两端，用单脚规或圆规求出中心，然后用圆规试划φ50mm圆周线，看内孔四周是否有足够的加工余量。如果内孔与外轮廓偏心过多，就要作适当的借料，即移动所求的中心位置。此时内孔与外轮廓的壁厚稍不均匀，只要在允许的范围内，则还是许可的。

用三只千斤顶支持轴承座底面，调整千斤顶高度并用划线盘找正，使两端孔中心初步调整到同一高度。与此同时，由于平面A也是不加工面，为了保证在底面加工后厚度尺寸20mm在各处都很均匀一致，还要用划线盘的弯脚找正A面，使A面尽量达到水平位置。当两端孔中心要保持同一高度和A面保持水平位置，两者发生矛盾时，就要兼顾两方面进行处理。因为轴承座内孔的壁厚和底座边缘厚度都比较重要，也都明显地影响外观质量，所以应将毛坯误差适当地分配于这两个部位。必要时，还应对已找出的轴承座内孔的中心重新调整（即借料），直至这两个部位都达到满意的结果为止。

接着，用划线盘试划底面加工线，如果四周加工余量不够，还要把中心适当借高（即重新借料）。到最后确定不需再变动时，就可在中心点上打样冲眼，划出基准线Ⅰ-Ⅰ和底面加工线。

两个螺栓孔的上平面加工线划与不划都无妨，只要有一定的加工余量，加工时控制尺寸不会发生困难。

在划Ⅰ-Ⅰ基准线和底面加工线时，工件的四周都要划到，以备下次划其他方向的线条和在机床上加工时作找正位置用。

第二次应划两螺栓孔的中心线，如图3-28所示，因为这个方向的位置已由轴承座内孔的两端中心和已划的底面加工线确定。将工件翻转到图示要求位置，用千斤顶支持，通过千斤顶的调整和划线盘的找正，使轴承座内孔两端的中心处于同一高度，同时用角尺按已划出的底面加工线找正到垂直位置。这样，工件第二次的安放位置已正确。

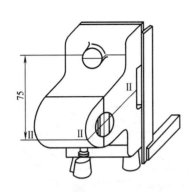

图 3-28　划螺栓孔中心线

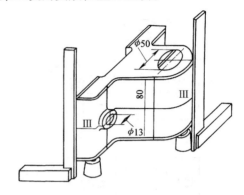

图 3-29　划大端面加工线

　　接着，就可划出Ⅱ-Ⅱ基准线。然后再根据尺寸要求划出两个螺栓孔的中心线。这一方向的尺寸线也全部划好。两螺栓孔的中心线不需在工件的四周都划出，因已有主要的Ⅱ-Ⅱ基准线在四周划好，下次安放工件已有找正依据。

　　第三次是最后划出两个大端面的加工线，如图 3-29 所示。将工件再翻转到图示要求位置，用千斤顶支持工件，通过千斤顶的调整和角尺的找正，分别使底面加工线和Ⅱ-Ⅱ中心线处于垂直位置。这样，工件第三次的安放位置已正确。

　　接着，以两个螺栓孔的中心为依据，试划两大端面的加工线。如两面的加工余量有偏差过多或一面不够的情况，则可适当调整螺栓孔中心（借料）。最后即可划出Ⅲ-Ⅲ基准线和两个大端面的加工线。此时，第三个方向的尺寸线也全部划好。

　　用划规划出轴承座内孔和两个螺栓孔的圆周尺寸线。

　　经过检查无错误无遗漏，最后，在所划线条上打上样冲眼，划线工作至此就全部完成。

四、划线常见缺陷、原因分析与预防措施

　　划线常见缺陷、产生原因与避免缺陷的预防措施见表3-2。

表 3-2　划线常见缺陷、产生原因与预防措施

常见缺陷	产生原因	预防措施
划线不清楚	1. 划线涂料选择不当 2. 划针、高度尺划脚不锋利	1. 石灰水适用于锻、铸件表面，紫色适用于已加工表面 2. 保持划脚锋利
划线位置错误	1. 看错图样尺寸，尺寸计算错误 2. 线条太密，尺寸线分不清	1. 划线前分析图样，认真计算 2. 可分批划线
划线弯曲不直	划线尺寸太高，划针、高度尺用力不当，产生抖动	1. 首先应擦干净平板，并涂一薄层全损耗系统用油 2. 线过高时，应垫上方箱
立体划线重复次数太多	1. 借料方向、大小有误 2. 主要表面与次要表面混乱	1. 分析图样，确定借料方向、大小 2. 试借一次后，统一协调各表面
镶块、镶条脱落	1. 镶块、镶条塞得不紧 2. 木质太松 3. 打样冲时用力太大	1. 对大型零件，用金属镶条撑紧 2. 用木质较硬的木材 3. 打样冲时，应垫实镶条，然后再打

本 章 小 结

本章介绍了划线的目的，常用划线工具的使用方法，常用划线涂料的配制和应用。重点介绍了划线分类及基准选择、划线时的找正和借料、划线的步骤、平面划线和立体划线方法、划线常见缺陷、产生原因与解决方法。

思 考 题

1. 零件加工以前为什么常常要划线？是否一定要划线？
2. 划线的准确程度对零件加工精度有何影响？
3. 什么叫平面划线？平面划线是否只是指在板料上的划线？
4. 什么叫立体划线？立体划线的工件只在一个表面上划线为什么不行？
5. 使用划线平板要注意哪些维护保养规则？
6. 对划针的主要要求是什么？用划针划线时的要点是什么？
7. 对普通划规的要求有哪些？用划规划圆时的要点是什么？
8. 用划线盘划线时要掌握哪些要点？
9. 用千斤顶支持工件时应注意哪些问题？
10. 用样冲打样冲眼要掌握哪些要点？
11. 划平行线和垂直线各有哪些方法？
12. 划线工作的全过程包括哪些步骤？
13. 立体划线的三次安放位置是按什么原则决定其先后次序的？

大国工匠——夏立

夏立是中国电子科技集团公司第五十四研究所钳工，高级技师，担任航空、航天通信天线装配责任人。作为一名钳工，在博士扎堆儿的研究所里毫不显眼，但是博士工程师设计出来的图样能不能落到实处，都要听听他的意见。几十年的时间里，夏立天天和半成品通信设备打交道，在生产、组装工艺方面，夏立攻克了一个又一个难关，创造了一个又一个奇迹。

上海65m射电望远镜要实现灵敏度高、指向精确等性能，其核心部件方位俯仰控制装置的齿轮间隙要达到小于0.004mm。完成这个"不可能的任务"的，就是有着近30年钳工经验的夏立。作为通信天线装配责任人，夏立还先后承担了"中国天眼"射电望远镜、嫦娥四号月球探测器、索马里护航军舰、"9·3"阅兵参阅方阵上通信设施的卫星天线预研与装配、校准任务。

"工匠精神就是坚持把一件事做到最好。"夏立是这么说的，也是如此坚持的。脚踏实地，知行合一，大国工匠，实至名归！

第四章
锯　削

 学习目标

1. 了解手锯的构造和种类、锯条损坏原因及预防方法。
2. 掌握锯齿粗细的选择原则。
3. 重点掌握锯削方法。

　　用手锯或机械锯把金属材料分割开，或在工件上锯出沟槽的操作称为锯削。大型原材料和工件以及批量较大的棒料、板料等，通常用机械锯、剪板机、气割、电割的方法进行切割。这些一般不属于钳工的工作范围。钳工是用手锯（又名钢锯）做手工锯削，常做的工作有：锯断各种原材料或半成品（图4-1a）、锯掉工件上多余部分（图4-1b）、在工件上锯槽（图4-1c）。

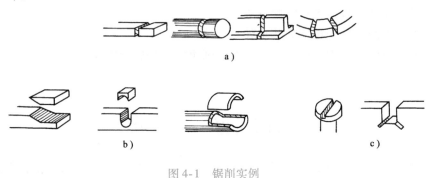

图 4-1　锯削实例
a）锯断　b）锯掉多余部分　c）锯槽

第一节　手锯的类型和构造

一、手锯的类型

　　手锯有两种类型：固定式（图4-2a）和可调式（图4-2b）。固定式手锯的锯弓是整体的，它只能安装一种长度规格的锯条。可调式手锯的锯弓分成两段，前段可在后段中伸出或缩进，可以安装几种长度规格的锯条。另外，可调式手锯手柄的形状便于用力，所以目前广泛使用可调式手锯。

二、手锯的构造

手锯由锯弓和锯条组成。

锯弓是用来张紧锯条的。固定式锯弓在手柄一端有一个安装锯条的固定夹头，在前端有一个安装锯条的活动夹头，如图 4-2a 所示。

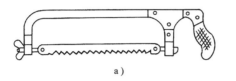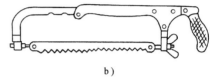

a) b)

图 4-2 手锯的类型
a) 固定式 b) 可调式

可调式锯弓和固定式锯弓相反，装锯条的固定夹头在前端，活动夹头在靠近手柄的一端，如图 4-2b 所示。

第二节 锯 条

手锯上所用的锯条，常用的是单面齿锯条，锯条的许多锯齿在制造时按一定的规律左右错开，排列成一定形状，称为锯路。锯路有交叉形和波浪形等，如图 4-3 所示。锯条有了锯路后，在工件上的锯缝宽度就大于锯条背的厚度。这样，锯削时锯条既不会被卡住，又能减少锯条与锯缝的摩擦阻力，工作就比较顺利，锯条也不致因过热而加快磨损。

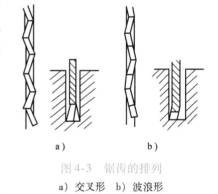

图 4-3 锯齿的排列
a) 交叉形 b) 波浪形

锯条的切削部分是由许多锯齿组成的，相当于一排同样形状的錾子，所以锯齿的角度也有楔角（β）、后角（α）、前角（γ）和切削角（δ）。一般前角为 0°，后角为 40°，楔角为 50°，如图 4-4 所示。

手锯上所用的锯条一般用渗碳软钢冷轧而成，也有用碳素工具钢或合金工具钢制成的，并经热处理淬火。

锯条的长度是以两端安装孔的中心距来表示的，一般有 200mm、250mm、300mm 几种。钳工常用的锯条长度为 300mm、宽度为 12mm、厚度为 0.6mm。

锯削时，要切下较多的锯屑，因此锯齿间要有较大的容屑空间。齿距大的锯条容屑空间大，称为粗齿锯条；齿距小的称细齿锯条。一般来讲，齿距为 1.8mm 称为粗齿；齿距为 1.4mm 称为中齿；齿距为 1.1mm 称为细齿（过去是以 25mm 长度内的齿数多少来区分粗细的，如 25mm 长度内有 14～18 齿，称为粗齿；24 齿称为中齿；32 齿称为细齿）。锯齿粗细的选择应根据所锯材料的硬度和材料的厚薄来决定。

（1）锯削软材料或厚材料时，应该选用粗齿锯条 锯削软的材料时，锯条容易切入，锯屑厚而多；锯削厚材料时，锯屑比较多，所以要求有较大的容屑空间容纳锯屑，因此应选用粗齿锯条。若用细齿锯条，则锯屑容易堵塞，锯得很慢，浪费工时，很不经济。

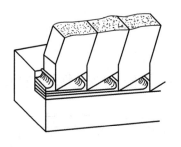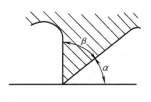

图4-4 锯齿的形状

（2）锯削硬材料或薄的材料时，应该选用细齿锯条 锯削硬材料时，锯齿不易切入，锯屑量少，就不需要有很大的容屑空间。若再用粗齿锯条，则同时工作齿数少了，锯齿容易磨损。

锯削薄板材料时若用粗齿锯条，则锯齿容易被薄板钩住，锯齿就会崩裂，而用细齿锯条就可避免。

一般锯削时至少要有三个以上的齿同时工作，选择锯齿粗细时必须考虑到这点。

一般说，粗齿锯条用于锯削铜、铝、铸铁、低碳钢和中碳钢等，中齿锯条适用锯削钢管、铜管、高碳钢等，细齿锯条适用于锯削硬钢、薄壁管、薄板金属等。

第三节 锯 削 方 法

一、锯条的安装

安装锯条时，锯齿必须向前，如图4-5a所示。因为手锯向前推时容易用力，并起切削作用，故不能反装，如图4-5b所示。

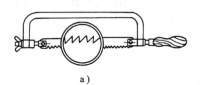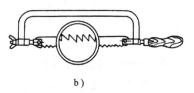

a)   b)

图4-5 锯条安装方法
a）正装 b）反装

安装锯条不能过紧或过松。过紧就失去了锯条应有的弹性，容易折断；过松会使锯条发生扭曲，也容易折断，且在锯削时锯缝容易歪斜。一般松紧程度以用两个手指的力旋紧螺母为适宜。

锯条装好后应该检查锯条装得是否斜扭，应尽量使它与锯弓保持在同一中心平面内。这样对掌握锯缝的正直比较有利。

二、操作方法

1. 工件的夹持

工件的夹持应该稳当、牢固。工件伸出钳口不应过长，防止锯削时产生振动。锯削线应和钳口侧边平行，并夹在台虎钳的左面，以便操作。对较大较重工件的锯削，无法夹在台虎钳上时，可以在原地进行。

2. 姿势

握锯弓时，要舒展自然，右手握稳手柄，左手轻扶在锯弓前端，如图4-6所示。

运动时握手柄的右手施力，左手压力不要过大，主要是协助右手扶正锯弓。锯削时的往复运动有两种姿势：一种是直线往复，适用于锯削薄形工件及直槽；除此以外，一般都采用摆动式操作。在手锯推进时，身体略向前倾，双手随着压向手锯的同时，左手

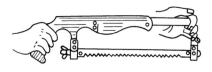

图4-6　手锯的握持

上翘，右手下压；回程时，双手不加压力，右手上抬，左手跟回，身体回到原来位置。这样摆动式的锯削，可以使操作自然，两手不易疲劳。摆动能使锯齿切削掉较多的金属，提高锯削效率，但在锯削薄料时，不应摆动，以免崩掉锯齿。无论哪种姿势，在锯削整个过程中要始终保持锯条平行于钳口侧边，使锯缝平直。

3. 起锯

起锯是锯削的开始，起锯好坏，直接影响锯削的质量，所以必须重视起锯。起锯的方法是用左手拇指靠住锯条，使锯条能正确地锯在所需要的位置上。起锯时，行程要短，压力要小，速度要慢，如图4-7所示。起锯有远起锯（图4-7a）和近起锯（图4-7b）两种。起锯角度要小（α约为15°），起锯的角度太大，锯齿会钩住工件的棱边（图4-7c），易使锯齿崩裂。

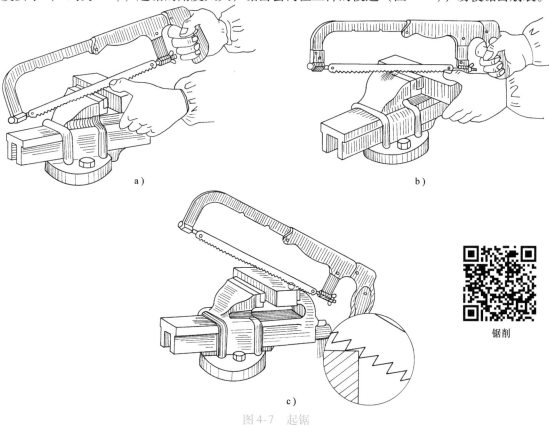

a)

b)

c)

图4-7　起锯

锯削

一般情况下都采用远起锯，因为此时锯齿是逐步切入材料，锯齿不易钩住，起锯也较方便。如果用近起锯，当掌握不好时，锯齿会被工件的棱边钩住，甚至会崩断锯齿。起锯锯到槽深为 2~3mm 时，锯条已不会滑出槽外，左手拇指可离开锯条。有的是在锯削位置上先用三角锉锉出一条槽，作为起锯，但这种方法用得很少。

4. 压力、速度、往复长度

在锯削的时候，压在锯条上的压力和锯条在工件上的往复速度，都影响到锯削效率。选择锯削时的压力和速度，必须按照所锯工件材料的性质来决定。

锯削硬性材料时，因不易切入，速度应该慢些，压力应该大些。锯削软性材料时，压力应该小些，速度稍快些。一般锯削的速度以 20~40 次/min 为宜。在锯削时，不管何种材料，当朝前推锯的时候，要施加压力，而在往后拉时，不但不要加压力，还应把手锯微微抬起，以减少锯齿的磨损（当锯削不锈钢时，尤其应该如此）。当工件快锯断时，压力应减小，要用手扶住悬在台虎钳外的一段，以免工件落下造成工伤事故及摔坏工件。

在锯削钢件时，应加些润滑油，这样可以使锯缝中的热量降低，并减少锯条与锯缝表面的摩擦，从而延长锯条的寿命。

使用手锯时，应该使锯条全部长度都利用到，但注意不要碰到锯弓的两端。只有这样，锯条在锯削时的消耗才能平均分配于全部锯齿，才能延长它的使用寿命。如果只是使用中间一部分的锯齿，集中地磨损这部分锯齿，就缩短了锯条的使用寿命。一般往复长度不应小于锯条长度的 3/4。

三、各种工件的锯削方法

首先在原材料或工件上划出锯削线。划线时应考虑留有锯削后的加工余量。锯削时精力应集中，要始终使锯条与所划的线重合，这样才能得到理想的锯缝。如果锯缝歪斜，应及时纠正。若已歪斜很多，应改从工件锯缝的对面重新起锯。如果不换方向而硬借锯缝，则很难把它改直，而且很可能折断锯条。

1. 棒料的锯削

如果要求锯削的平面比较平整，应从开始连续锯到结束。若对锯出的断面质量要求不高，锯时可改变几次方向，使棒料转过一定角度再锯，这样，由于锯削面变小而容易锯入，可提高工作效率。

锯毛坯棒料时，断面质量要求不高，为了节省锯削时间，可分几个方向锯削，如图4-8a所示。每个方向都不能锯到中心，然后将毛坯折断。切不可单边锯半截而折断毛坯，否则，容易使折断线与所需的锯缝产生偏离，如图 4-8b 所示，甚至造成废品。两边或四边锯削，其折断线必须在所列要求的范围内，如图 4-8c 所示。几边锯切后，对细棒料，可把短的一段夹在台虎钳内，长的一段悬在台虎钳外，用手把它弯曲、折断。对粗棒料，要用锤子把它敲断，锤击时要在棒料两端垫上垫块，如图 4-8d 所示，锤击时也要加垫块，避免棒料表面被敲坏。

2. 管子的锯削

锯削管子的时候，把管子水平地夹在台虎钳内，注意不要把管子夹扁，特别对于薄壁管子和精加工过的管子，都应夹在有 V 形槽的木垫之间，如图 4-9 所示。

锯削时，不可一次从一个方向把它锯到底。要是一次锯到底，锯齿会被钩住（图

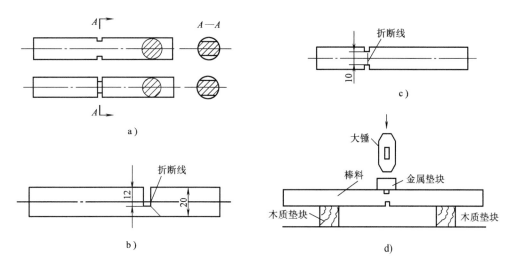

图 4-8　锯断毛坯棒料的方法

4-10a），尤其是在锯薄壁管子时，锯齿容易钩住而崩裂。正确的方法是每个方向只锯到管子的内壁处，然后把管子转过一个角度，仍旧锯到管子的内壁处，如此逐渐改变方向，直至锯断为止，如图 4-10b 所示。操作时管子应朝推锯方向转动一些，避免锯齿被钩住。如果朝相反方向转动，锯齿就会被钩住，且易使锯齿崩裂。

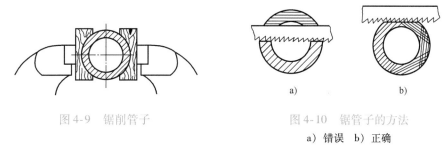

图 4-9　锯削管子　　　　　　　图 4-10　锯管子的方法
　　　　　　　　　　　　　　　　　　a）错误　b）正确

3. 薄板料的锯削

锯削薄板料时，要尽可能从宽的面上锯下去。这样，锯齿不易产生钩住现象。必须要在板料的窄面锯下去时，可把一块或几块金属板夹于台虎钳内的木垫之间，连木板一起锯下。这样才可能避免锯齿被钩住，同时也增加了板料的刚度，使锯削时板料不会弹动，如图 4-11a 所示。也可以把薄板料夹在台虎钳上，用手锯横向推锯，使锯齿与薄板接触量增加，避免锯齿被钩住，如图 4-11b 所示。

4. 深缝的锯削

当锯缝的深度到达锯弓的高度时（图 4-12a），为了防止锯弓与工件相碰，应把锯条转过 90°重新安装，使锯弓转到工件的旁边（图 4-12b），再继续锯削。如果锯条转过 90°安装后，发现锯弓高度距离不够，不能锯削，可将锯条再转过 90°使锯齿在锯弓内（图 4-12c），再继续锯削。

四、锯齿崩裂后的处理

锯齿崩裂后，即使是一个齿崩裂，也不可继续使用（图 4-13a）。不然，后面的锯齿也

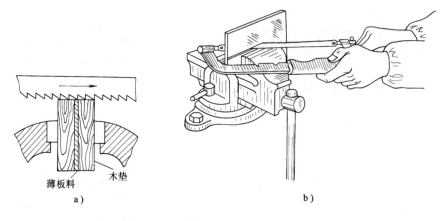

薄板料　木垫

a)　　　　　　　　　　　b)

图 4-11　锯薄板的方法

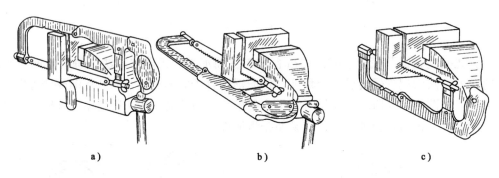

a)　　　　　　　　　b)　　　　　　　　　c)

图 4-12　深缝的锯法

会崩裂。为了使锯条能继续锯削下去，必须在砂轮上把崩裂的锯齿小心地磨掉，并把后面几齿磨低些，如图 4-13b 所示。这样处理后，锯条仍可继续锯削。

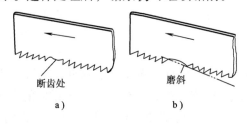

断齿处　　　　　　　磨斜

a)　　　　　　　　b)

图 4-13　锯齿崩裂的处理

第四节　锯条损坏原因和锯削时的废品分析

1. 锯条损坏原因及预防方法

锯削时锯条损坏有锯齿磨损、崩齿、锯条折断等几种形式，其原因及预防方法见表4-1。

2. 锯削时产生废品的原因及预防方法

锯削时产生废品的原因有：

1）由于锯条装得太松或目光没有看好锯条与台虎钳外侧面平行，使断面歪斜，超出要求范围。

2）由于划线不正确而使尺寸锯小。

3）起锯时，左手大拇指未挡好或没到规定的起锯深度就急于锯削，使锯条跳出锯缝，拉毛工件表面。

预防产生废品的关键是：锯削时要仔细，不能粗心大意。只要思想上重视，操作时精力集中，上述弊病就能避免。

3. 安全技术

锯削时必须注意下列安全技术：

1）必须注意防止锯条折断时锯条从锯弓上跳出伤人。

2）当锯削将完成时，必须用手扶着被锯下的部分，对较大的工件还可以用支架支承。否则，锯下的部分落下易砸伤脚。

表 4-1　锯条损坏形式、原因及预防方法

锯条损坏形式	原　　因	预 防 方 法
锯条折断	1. 锯条装得过松或过紧 2. 工件伸出太长引起抖动或未夹紧 3. 锯缝歪斜而强行借正时，锯条扭曲折断 4. 压力太大 5. 新锯条在旧锯缝中卡住，再用力锯削而折断	1. 锯条松紧应装得适当 2. 工件装夹应稳固，且使锯缝尽量靠近钳口外缘 3. 可将工件翻面重新锯削，如不可翻面，则可以在锯缝内逐步借正 4. 压力应适当 5. 调换新锯条应重新从反面开始锯削，如不可以从反面锯削时，就应该先用新锯条小心地把锯缝锯宽，再进行锯削
锯齿崩裂	1. 锯条粗细选择不当 2. 起锯方法不正确 3. 突然碰到砂眼、杂质	1. 按材料选用粗细锯条 2. 起锯角度要小，近起锯时不可用力过大 3. 锯削铸件碰到砂眼时应减小压力
锯齿很快磨损	1. 锯削速度太快 2. 锯削钢件时不加润滑油	1. 锯削速度应适当 2. 锯削钢件时应加润滑油，铸件可加柴油，其他金属可加切削液

本 章 小 结

本章介绍了手锯的类型和构造、锯齿粗细的选择原则、锯条损坏原因及预防方法，重点介绍了各种锯削方法。

思 考 题

1. 锯条上的齿为什么要制成有规则的左右两边错开的形状？
2. 在什么情况下使用细齿锯条？什么情况下选用粗齿锯条？
3. 起锯时应注意哪些事项？为什么远起锯一般都比近起锯好？
4. 应用手锯为什么要前后摆动？在什么情况下不能摆动？为什么？
5. 怎样锯削薄板料？怎样锯削管子？
6. 试分析锯条折断的原因及预防方法。

第五章

锉　　削

学习目标

1. 了解锉刀的基本知识、锉刀的种类及保养、锉削时产生废品的原因及预防方法。
2. 掌握各种表面的锉削方法。
3. 重点掌握锉刀的握法、锉削时的姿势、基本锉削方法。

　　用锉刀对工件表面进行切削加工，使工件达到所要求的尺寸、形状和表面粗糙度，这种操作称为锉削。锉削是钳工的主要操作之一。通常在机械加工以后，或在錾削、锯削以后，以及在部件、机器装配时用来修整工件。

　　锉削是一种手工操作，手工锉削的效率是不高的。尽管如此，锉削在现代工业生产中还是不可缺少，因为某些工件的表面如样板的成形面、模具的型腔等，在机械上不易加工，或机械加工反而麻烦、不经济，或能加工但达不到精度要求，此时就常常要用锉刀来加工。

第一节　锉　　刀

　　锉刀用高碳工具钢 T13A、T12A 或 T12 制成并经热处理淬火。锉刀的硬度应在 62 ~ 67HRC 之间（铝板锉硬度应在 56 ~ 62HRC 之间）。

　　锉刀的规格用长度表示，有 100mm（4in）、150mm（6in）、250mm（10in）、300mm（12in）等。

一、锉刀各部分名称

　　锉刀各部分名称如图 5-1 所示。

　　（1）锉刀面　锉刀面是锉刀的主要工作面。锉刀面在纵向呈凸弧形，其作用是在平

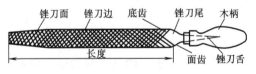

图 5-1　锉刀各部分名称

面上锉削时容易锉得平。这样的形状使热处理的变形也得到了改善。

　　（2）锉刀边　锉刀边是指锉刀的两个侧面，有的边没有齿，有的边有齿，没齿的边称为光边，它在锉削内直角面时不会碰伤另一相邻的面。

　　（3）锉刀尾　锉刀尾是指没齿的一端，它跟舌部相连。

　　（4）锉刀舌　锉刀舌是用以装锉刀柄的，这是非工作部分，没有淬火。

二、锉刀的齿纹

　　锉刀的齿纹有单齿纹和双齿纹两种。

1. 单齿纹

锉刀上只有一个方向的齿纹称为单齿纹。单齿纹锉刀锉削时是全齿宽切削，因此，锉削时较费力。单齿纹锉刀主要用于锉软金属材料，锉起来即使全齿宽切削，费力也不太大。单齿纹锉刀齿距大，有足够的容屑空间，不会被切屑堵塞，且每次锉掉的切屑很薄，所以锉出的表面比较光洁。

图 5-2 所示为一种锉铝的弧形单齿纹锉刀，用来锉削铝及其他非铁金属效率较高。

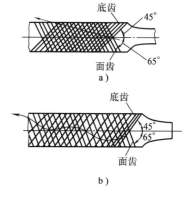

图 5-2 铝板锉

2. 双齿纹

锉刀上有两个方向排列的齿纹称为双齿纹，如图 5-3 所示。浅的齿纹是底齿纹，它是先剁的。深的齿纹称为面齿纹或盖齿纹，面齿后剁，因剁齿时阻力较小，所以剁得比较深。

面齿纹与锉刀中心线组成的夹角称为面齿角，底齿纹与锉刀中心线组成的夹角称为底齿角。面齿角制成 65°，底齿角制成 45°（直线单齿纹角为 70°）。由于面齿角和底齿角不相同，使锉齿排列方向与锉刀中心线成一定角度，如图 5-3a 所示，所以锉削时锉痕不重叠，锉成的表面就比较光滑。此外，还有一种锉刀其锉齿排列成波纹形的，如图 5-3b 所示。这种波纹排列是由不等齿距的两层齿纹形成的。做成这种齿纹，也是为了得到光滑的锉削表面。与此相反，如图 5-4 所示，若面齿角和底齿角相等，所构成的锉齿平行于中心线方向排列，锉削时有的地方始终锉不到，这样锉出表面就产生沟痕，而得不到光滑表面。

双齿纹的齿刃是间断的，也就是在齿刃的全宽上有许多分屑槽。这样，就能够使锉屑碎断，锉刀不易被锉屑堵塞，虽然锉削量大，锉削时还比较省力。

图 5-3 锉齿的排列

3. 锉刀的粗细

锉刀的粗细是按齿纹间（齿距）的大小而定的。锉刀的齿纹粗细等级分下列几种：

1 号纹：用于粗齿锉刀，齿距为 2.3～0.83mm。

2 号纹：用于中齿锉刀，齿距为 0.77～0.42mm。

3 号纹：用于细齿锉刀，齿距为 0.33～0.25mm。

4 号纹：用于双细齿锉刀（有时也称为油光锉），齿距为 0.25～0.2mm。

5 号纹：用于油光锉，齿距为 0.2～0.16mm。

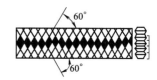

图 5-4 与锉刀中心线平行的锉齿

三、锉刀的种类和选择

1. 锉刀的种类

锉刀分钳工锉、特种锉、整形锉三类。

（1）钳工锉 按断面形状分为扁锉、方锉、三角锉、半圆锉、圆锉五种，如图 5-5 所示。按其齿纹的粗细分为粗齿、中齿、细齿、双细齿、油光锉五种。

（2）特种锉 用于加工各种零件上特殊表面，其形状有直的（图 5-6a）和弯的（图 5-

6b) 两种，断面形状很多，便于选用，这种锉刀
常用于锉削各种沟槽或内孔，所以通常称为
掏锉。

图 5-5　钳工锉刀的断面

（3）整形锉　适用于修整精密模具，小型工
件上难以机械加工的部位。图 5-7 所示是整形锉的各种形状。每 5 把、6 把、8 把、10 把或
12 把为一组。

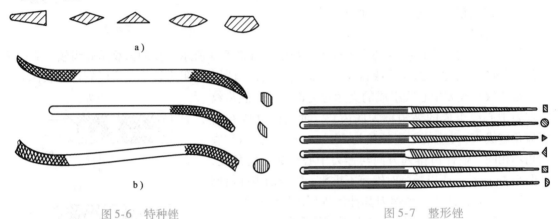

图 5-6　特种锉　　　　　　　　　　　　　　　图 5-7　整形锉

2. 锉刀的选择

每种锉刀都有一定的用途和使用寿命，如果选择不当，就会使锉刀过早地丧失切削能
力。因此，对于钳工来说必须能正确地选用锉刀。

（1）锉刀的断面形状和长短　应根据加工工件表面的形状和工件的大小来选用。图 5-8
所示为不同形状的工件选用不同形状锉刀的实例。

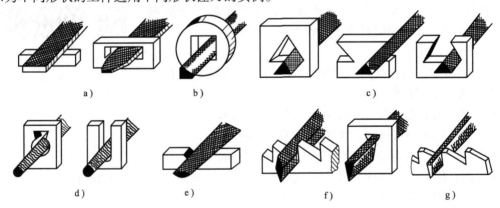

图 5-8　锉刀的用途

（2）锉刀的粗细　应根据加工工件材料的性质、加工余量大小、加工精度的高低和表
面粗糙度的要求等情况综合考虑来选用。例如：粗锉刀适用于锉削加工余量大、加工精度和
表面粗糙度要求低的工件；而细锉刀适用于锉削加工余量小、加工精度和表面粗糙度要求高
的工件。表 5-1 为粗、中、细三种锉刀的适用场合与加工余量和所能达到的加工精度。

表 5-1 按加工精度选择锉刀

锉刀	适用场合		
	加工余量/mm	尺寸精度/mm	表面粗糙度 Ra 值/μm
粗锉	0.5~1	0.2~0.5	50~12.5
中锉	0.2~0.5	0.04~0.2	6.3~3.2
细锉	0.05~0.2	0.01 或更高	1.6

四、锉刀柄的装卸

为了便于握锉和使力，锉刀必须装上木柄使用。锉刀柄上还必须加铁箍才能使用。

锉刀柄安装孔的深度约等于锉刀舌的长度。孔的大小应使锉刀舌能自由插入1/2 的深度。装柄时用左手扶柄，右手将锉刀舌插入柄内（图 5-9a），然后左手放开，用右手把锉刀柄的下端垂直地朝钳台上轻轻镦紧，插入长度约等于锉刀舌的3/4。装柄切不可用右手扶柄在钳台上镦紧，这样容易导致锉刀跳出柄孔，使锉刀舌尖刺伤手背。

拆卸锉刀柄时可在台虎钳上进行，如图 5-9b 所示，也可在钳台边轻轻撞击取下，如图 5-9c 所示。

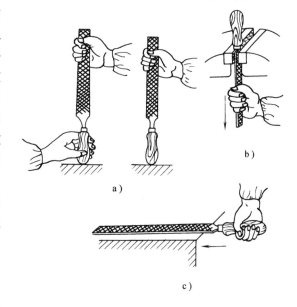

图 5-9 锉刀柄的装卸

五、锉刀的保养

合理使用和保养锉刀，可以延长它的使用寿命。为此，必须注意下列使用和保养规则。

1）不可用锉刀来锉毛坯件的硬皮或氧化皮，以及淬火的工件。氧化皮和铸造硬皮必须先在砂轮上磨掉或先用锉刀的前端或边齿来加工，否则锉刀会很快磨钝。

2）锉刀应先用一面，用钝后再用另一面。因为用过的锉面比较容易锈蚀，两面同时都用，总的使用期限将会缩短。

3）每次使用完锉刀后，应用锉刷顺着铁纹将残留的铁屑刷掉，以免生锈。在使用过程中，如发现锉纹上嵌有铁屑，也要及时清除或用铁片剔掉，如图 5-10 所示。

4）无论在使用过程中或保管存放的时候，切不可把锉刀重叠放置，或跟其他工具和物件堆放在一起。收藏时应保持整齐，否则锉齿容易因碰撞而损坏。

图 5-10 清除锉刀上的铁屑

5）锉削速度不可太快，否则会使锉刀易于磨钝而造成打滑。锉削速度一般是每分钟推锉 40 次左右，锉硬钢件更应慢一些。在锉削回程时，不应加压力，以免锉齿磨钝。

6）切不可用细锉刀作粗锉使用和锉软金属（打光除外），因为软金属的锉屑容易嵌入锉齿的齿槽内，而使锉刀在工件表面打滑。

7）切不可使锉刀沾水、沾油，以防锈蚀和锉削时打滑。若锉刀沾有全损耗系统用油，用粉笔涂于锉刀上，然后用锉刷清除即可。

8）切不可用锉刀当作杠杆撬其他物件，不能用锉舌作斜铁拆卸锥套，防止损坏锉刀。

9）使用小锉刀、整形锉时，不可用力过大，以免折断。

第二节　锉刀的操作方法

一、锉刀的握法

锉刀的握法应该随着锉刀的大小和使用地方的不同而相应改变。较大锉刀的握法是用右手握着锉刀柄，柄端顶在拇指根部的手掌上（图5-11a），大拇指放在锉刀柄上，其余的手指由下而上地握住锉刀柄。左手的握法有三种：

1）把左手的手掌斜放在锉刀最前端的上方，拇指根部肌肉轻压在锉刀刀头上，中指和无名指抵住锉刀前右角下方，其余手指蜷曲，如图5-11b上图所示。

2）左手掌斜放在锉刀前端，除大拇指外，各指自然蜷曲，使小指、无名指、中指抵住锉刀前下方，如图5-11b中图所示。

3）左手掌斜放在锉刀的前端，各指自然平放，如图5-11b下图所示。

两手握锉姿势如图5-11c所示。锉削时右手小臂要与锉刀平，左手肘部要提起。

图5-12a是中型锉刀的握法。右手的握法与上述较大锉刀的握法一样，左手只需用大拇指和食指轻轻地扶持。图5-12b是较小锉刀的握法，右手的食指放在锉刀柄的侧面，为了避免锉刀弯曲，用左手的几个手指压在锉刀的中部。图5-12c是整形锉刀的握法，只用一只手握住，食指放在上面。

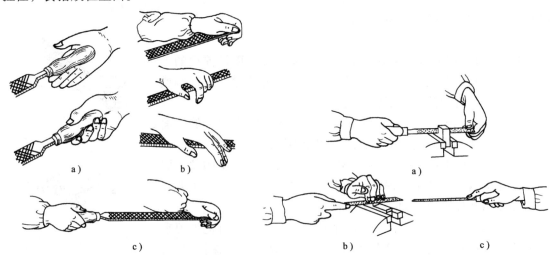

图5-11　大型锉刀的握法　　　　　图5-12　中小型锉刀的握法

二、锉削时的姿势

正确的姿势动作，能减少疲劳，提高工作效率，保证锉削质量。因此，掌握正确的锉削姿势，对一个钳工来说是十分重要的。

1. 台虎钳的高低

台虎钳的高低对于操作者的身体是否自然，是否便于操作很有关系，最合适的高度如图 5-13 所示，即从操作者的下颚到台虎钳钳口的距离应为拳面至肘部的高度。太高或太低的台虎钳，都会使锉削时动作不自然，操作者容易疲劳，工作效率不高，而且影响锉削质量。

2. 站立位置

锉削时站立要自然并便于用力，以能适应不同的加工要求为准。

3. 锉削时的姿势

进行锉削时，身体的重心放在左脚上，右膝伸直，左腿稍弯，身体稍向前倾，脚始终站稳不移动，靠左腿的屈伸而做往复运动，如图 5-14 所示。锉削时，要充分利用锉刀的有效全长。锉的动作是由身体和手臂运动合成的。开始锉时身体要向

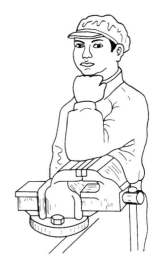

图 5-13 台虎钳的高度

前倾斜 10°左右，右肘尽可能收缩到后方，如图 5-14a 所示。最初 1/3 行程时，身体前倾到 15°左右，使左腿稍弯曲，如图 5-14b 所示。其次 1/3 行程，右肘向前推进，同时身体也倾斜到 18°左右，如图 5-14c 所示。最后 1/3 行程，用手腕将锉刀推进，身体随着锉刀的反作用力返回到 15°位置，如图 5-14d 所示。锉削行程结束后，取消压力，将手和身体都退回到最初位置，如图 5-14a 所示。

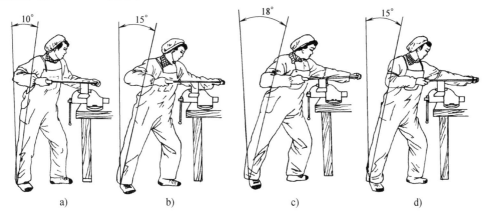

图 5-14 锉削时的姿势

4. 锉削力的运用

锉削时两手作用在锉刀上的力，应保证锉刀平衡。因此，在锉削过程中，两手用的力应随着锉刀与工件接触位置的变化而不断变化。

开始锉出时，左手压力要大，右手压力要小而推力大，如图 5-15a 所示，随着锉刀推进，左手压力逐渐减小，右手压力逐渐增大。

当锉刀推到工件中间时，两手压力相同，如图 5-15b 所示。再继续推进锉刀时，左手压力逐渐减小，右手压力逐渐增大，左手起着引导作用。推到最前端位置时两手用力，如图 5-15c 所示。

锉刀回程时不加压力，如图5-15d所示，以减少锉齿的磨损。

如果两手对锉刀的压力不变，那么在锉削行程开始时，右手握柄部分会朝下偏，而在锉削行程终了时，左手握的锉刀前端就会向下偏，造成锉削面两头低而中间凸的鼓形表面。因此若要锉得平，必须掌握锉刀作用力平衡。锉削面的平直是靠在锉削过程中，逐渐调整两手的压力来达到。

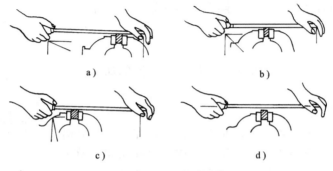

图5-15 锉刀力的平衡

锉削时，眼睛要注视锉刀的往复运动，观察两手用力是否适当，锉刀有没有摇摆。锉几次后，要拿开锉刀，这样一方面可以使锉面上切屑掉落，另一方面可以看清是否锉在需要锉的地方和是否锉得平整。发现问题可以及时纠正。

三、工件的夹持

工件的夹持如图5-16所示。

工件一般是夹在台虎钳上进行锉削的。夹持得正确与否，将直接影响着锉削的质量。因此，工件夹持要符合下列要求。

图5-16 工件的夹持

1）工件最好夹在台虎钳的中间。

2）工件要夹牢，但不能使工件变形。

3）工件伸出钳口不要太高，以免锉削时工件产生振动。

4）夹持已加工面和精密工件时，在台虎钳口应衬以较软材料的钳口衬（一般用铝或纯铜制成），以免夹坏工表面。

四、基本锉削方法

锉削基本方法有三种：顺向锉、交叉锉和推挫。

1. 顺向锉

顺向锉是最基本的锉削方法，不大的平面和最后锉平都用这种方法。顺向锉可得到整齐一致的锉削纹理，比较美观，如图5-17a所示。

2. 交叉锉

交叉锉的锉刀运动方向是交叉的，如图5-17b所示，锉刀与工件的接触面大，锉刀容易

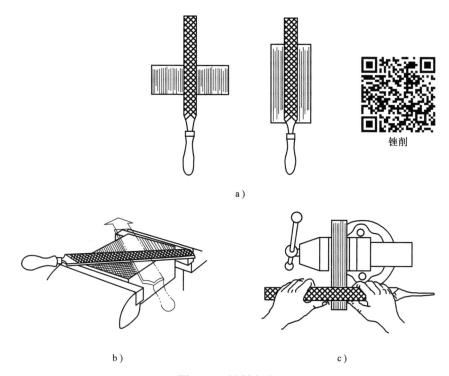

a)

b) c)

图 5-17 锉削方法

掌握平稳。同时，从锉痕上也可以判断出锉削面的凹凸情况，因此容易把平面锉平。交叉锉进行到平面即将锉削完成之前，应改用顺向锉法，使锉削纹理方向一致、顺直。

交叉锉一般用于锉削余量较多的工件。当把加工面锉平，余量基本锉完时，再用顺向锉法锉出单向纹理来，把平面锉光。

在锉平面时，不管是顺向锉还是交叉锉，为了使整个加工面能均匀地锉削，在抽回锉刀时，应按图 5-18 所示，每次要向旁边略微移动。

3. 推锉

推锉法一般用来锉削狭长面或用顺向锉法推进受阻碍时采用，如图 5-17c 所示。推锉法不能充分发挥手的力量，因为不是在锉齿切削方向上进行切削，故切削效率不高，只适用于加工余量较小和无法作顺向锉的情况下。

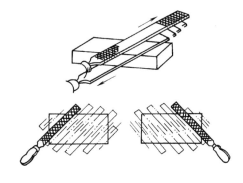

图 5-18 锉刀的移动

用顺向锉或推锉法锉光平面时，可以在锉刀上涂些粉笔灰以减少吃刀量。如果要求表面粗糙度更好些，则可以用把砂布垫在锉刀下的方法把平面打光。

锉平面时，常用金属直尺或刀口形直尺以透光法来检查其平直度，如图5-19所示。刀口形直尺沿加工面的纵向、横向和对角方向多处检查。如果检查处在刀口形直尺与平面间透过来的光线微弱而均匀，表示已比较平直，如果检查处透过来的光线强弱不一，则表示平面有高低不平，光线强的地方比较低，而光线弱的地方比较高。

刀口形直尺在加工面上改变检查位置时，应该把它提起，并且小心地把它放到新的位置上。如果把刀口形直尺在被检平面上来回拖动，则刀口很容易磨损。若没有刀口形直尺，则可用金属直尺按上述方法检查，但放在加工面上必须垂直，这样检查平面才正确。

锉面的平整度可用眼睛观察，要求表面不应留下深的擦痕和锉痕。

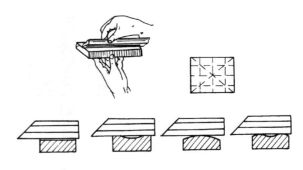

图 5-19　用刀口形直尺检查平面度

第三节　各种表面的锉法

一、锉直角平面

一般工件的平面，基本上都采用顺向锉法和交叉锉法或推锉法，下面介绍常见的内外直角工件，说明其直角平面的锉削加工方法。现以图 5-20 所示的内外直角工件为例。该工件除 A、B、C、D 四个面已经过刨或铣加工待钳工锉削修正外，其余各面均已加工结束。锉削修正的目的要使工件达到所要求的形状、尺寸精度和表面粗糙度。其锉削步骤如下：

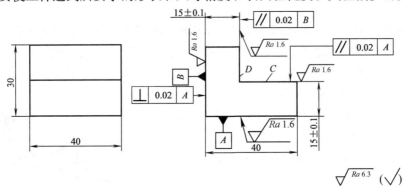

图 5-20　直角形工件

1）用游标卡尺和直角尺检查半成品的尺寸，掌握所剩的锉加工余量（一般为 0.1～0.2mm）和 A、B、C、D 面的平行度、垂直度的误差情况，合理分配加工件各面的加工余量。

2）修锉平面 A，平面度和表面粗糙度符合图样要求，不允许未达到要求就急于去锉其他平面。

3）修锉平面 B，要求平直和光洁，并与 A 面垂直，达到图样的垂直度要求。

垂直度是用直角尺以透光法来检查。检查时，将直角尺的短边小心地贴紧在 A 面上，从上向下移动，至长边与 B 面接触即止，作透光检查，如图 5-21 所示。如果 A 面与 B 面垂直，则直角尺的长边紧贴在 B 面上后，不透光或光线是微弱的，而且在全长上是均匀的。如果不垂直，则在 1 处或 2 处，直角尺与工件之间就有较大的缝隙。若 1 处有隙缝，说明 1

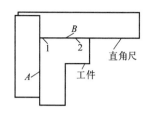

处锉去过多，两面夹角大于90°，应修锉2处。若2处有缝隙，说明2处锉去过多，致使两面夹角小于90°，应修锉1处。经过反复的检查和修锉，直到直角尺与平面A、B完全贴合为止。

图5-21　用直角尺检查垂直度

在用直角尺检查时，短边与平面A必须始终保持紧贴，而不应受平面B的影响而离缝，产生错误的判断。此外，在用直角尺检查时，应使尺身垂直放在测量面上，否则也会造成不正确的检查结果。在检查时应爱护直角尺，在改变检查位置时，也不允许在工件表面上拖动，而应提起后再轻放于新的检查部位，否则直角尺的两个直角边容易磨损而失去精度。

4）修锉平面C，使其与A面平行，并达到规定尺寸公差，用外径千分尺检查。在锉平面C时，要防止把平面C锉坏而导致平面D加工余量不够。此时要用光边锉刀或将锉刀的边齿磨去。

5）修锉平面D，使其与平面B平行，并达到规定尺寸公差，用外径千分尺检查。此时平面C已锉好，锉平面D时需要注意不能将平面C碰坏。

6）各边倒棱去毛刺。

7）最后用量具检查工件的全部尺寸和角度，看是否符合图样要求。

从上述加工步骤可以得出一个规律：有几个面同时要锉削时，一般尽可能选择较大平面或较长的平面先加工好作基准，因为这种面容易锉准，作为检查测量时的依据也比较可靠；外表面和内表面都要锉削时，尽量先锉外表面，因为外表面的加工和检查都比较容易。

二、锉曲面

曲面分外圆弧面和内圆弧面。锉外圆弧面用平锉；锉内圆弧面用圆锉、半圆锉或椭圆锉。一般圆弧形的工件或工件上的圆孔都是用车、钻或镗来完成。但如要把工件的部分做成圆弧面，常要用锉刀来完成。

1. 锉削外圆弧面

锉削外圆弧面有两种方法：

（1）顺着圆弧锉　在锉刀做前进运动的同时，还要绕工件圆弧中心做摆动。摆动时，右手向下压，而左手把锉刀前端向上翘，这样锉出的圆弧面不会出现有棱角的现象，表面圆滑，锉削纹理是顺着圆弧分布的；但这种方法不易发挥力量，锉削效率不高，故适用在余量较小或精锉圆弧的场合，如图5-22a所示。

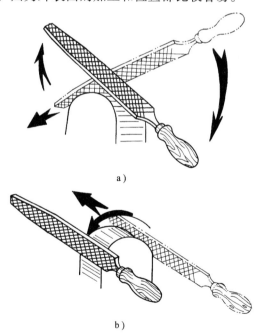

图5-22　外圆弧锉削方法

（2）横着圆弧锉　用于余量较大或在不能顺着圆弧锉削的情况下。这种方法一般是按次序先锉棱角，就是按四角、八角那样的顺序渐渐把余量锉去，当按圆弧要求锉成多棱形后，再用顺着圆弧锉的方法精锉成圆弧或用推锉法顺着圆弧锉成圆弧，如图 5-22b 所示。

2. 锉削内圆弧面

锉削内圆弧面时，锉刀同时要完成三个运动，如图 5-23 所示：

1）前进运动。

2）向左或向右移动（约半个到一个锉刀宽度）。

3）绕锉刀中心线转动（顺时针方向或逆时针方向约转动90°左右）。

如果只做前进运动，则锉出的内圆弧不圆滑，会出现棱角，如图 5-24a 所示；如果只有前进运动和向左或向右的移动，则内圆弧也锉不好，如图 5-24b 所示。所以只有三个运动同时进行，才能锉好内圆弧面，如图 5-24c所示。

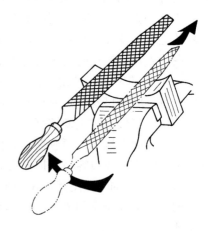

图 5-23　锉削内圆弧面

3. 锉内外圆弧面实例

图 5-25 所示凸轮的曲面，在划线、铣加工后往往留有很少余量待钳工修整。铣内圆弧 A 处如果恰好没有等于内圆弧半径这样的铣刀，那么就要由钳工来修整。

a)　　　　b)　　　　c)

图 5-24　内圆弧锉法三种运动

钳工修整内圆弧 A 处时，用圆锉或半圆锉锉削，要同时有前后、平移、转动三个动作，如图5-24c所示，锉至划线界限为止，与阿基米德螺旋线相切处连接要圆滑。

修整阿基米德螺旋线部分时，用细锉或油光锉顺着圆弧打光，如图5-22a所示。锉到接近 A 处时，顺着圆弧锉受阻，就用推锉法打光，如图5-17c所示。

修锉时要注意保持圆弧面与凸轮端面垂直（凸轮端面与孔中心线的垂直度已由机械加工保证），要经常用直角尺检查，如图5-26所示。

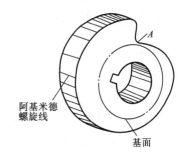

图 5-25　凸轮

4. 球面的锉法

锉圆柱形工件端部的球面时，锉刀在做外圆弧锉法动作的同时，还需要绕球面的中心周向做摆动，如图5-27 所示。

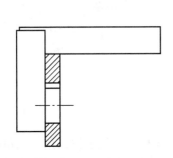

图 5-26　用直角尺检查凸轮圆弧面与端面垂直度

图 5-27　球面的锉法

第四节 锉 配

通过锉削，使一个零件能配入另一个零件的孔或槽内，且紧松程度符合要求，这项操作称为锉配（镶嵌）。锉配广泛地应用在机器装配和修理以及工、模具的制造上。在现代工业生产中，如果工件的外形包括孔、曲面，其形状和尺寸初步已由机械加工完成，这时的锉配工作主要是修整形状和尺寸，使它达到图样要求。在单件加工的情况下，也可由钳工直接下料后进行锉配。

锉配工作基本方法是：先把相配件中的一件锉好，然后按锉好的一件来锉配另一件。因为一般外表面比内表面容易加工，所以最好先锉好外表面，然后配锉内表面。但在某些情况下也有相反的。这点对将要锉到配合尺寸时尤其重要，否则就可能产生废品。

由于相配零件的形状及相配要求高低不同，锉配方法也随之变化。现举几例说明。

例1 配键

键已标准化，但在修理工作中有时仍然还需要进行锉配，配键牵涉到三个零件：键、轴、轮或套，如图5-28所示。三者间配合要求如下：

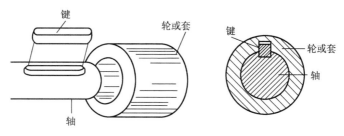

图5-28 配键

1）键与轴槽要求配合得较紧，相当于 M7/h6。

2）键与轮毂槽要求配合较松，相当于 J7/h6。

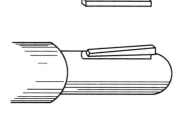

锉配前，一般轴及套（或轮）上的键槽已机械加工好，键坯（矩形长条）也已机械加工好，只是在键宽上留有 0.2mm 左右的修锉余量。

锉配步骤如下：

1）修去轴键槽和套（轮）键槽上的毛刺，使套（轮）能套入轴上。

图5-29 键坯塞入轴键槽内的情形

2）修锉键的侧面（要保证键两侧面平行），使键的两头下角都较紧地嵌入轴键槽内，如图5-29所示。由于键的长度还长且两端圆弧还没锉，不可能将键全部塞入轴键槽内。

3）将键在套（轮）键槽中试塞，键应能塞在套（轮）的键槽内滑动，如塞不进或较紧，必须将套（轮）键槽的两侧面锉去一些（两面锉必须均匀），使键能塞入套（轮）的键槽中。

4）将键的两端锉成半圆形，同时配对长度，应该注意键配入轴槽内在长度方向要保证两端面有 0.2mm 左右的间隙（如没有间隙，则将键敲入键槽内时，轴会变形）。

5）修去键上的毛刺，擦净后上轴。

6）用木锤将键敲入轴键槽内。

7）连轴带键用力推入轮（或套）的孔内。如发现太紧，可将键的发亮部分锉去一些（键不必从轴中取出），但注意不能损伤轴的表面。最后涂油套入即可。

例2 内外六角形工件的锉配，如图 5-30 所示。

内外六角的锉配，是钳工在学习锉配及工具制造中常见的锉配工作之一。一般要求内外六角相配后，能够达到六面互换，配合面的间隙不大于 0.04mm。

锉配内外六角前可先做两块辅助样板，即外六角 120°样板和内六角 120°样板，如图 5-31 所示。

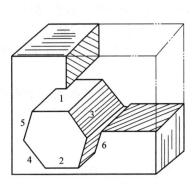

图 5-30 内外六角形工件的锉配

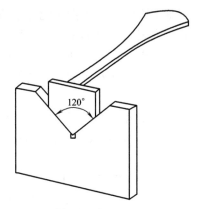

图 5-31 检查内、外六角的辅助样板

外六角锉削步骤：

先测量圆料直径尺寸，标出第一面加工余量，得第一面与外圆的尺寸。

1）通常是用圆料锉成外六角形柱体。在锉第一面时（图 5-32a），使其与外圆母线平行，尺寸误差在 ±0.02mm 之内。

2）以锉好的面为基准，按尺寸划线锉对面（图 5-32b），两面要平行，尺寸误差在±0.02mm 之内。

3）锉第三面（图 5-32c）时，要以第一面为基准，用做好的内六角 120°样板检查，要求角度准确，并与外圆平行，尺寸误差在±0.02mm 之内。

4）以锉好的第三面为基准，按尺寸划线锉对面（图 5-32d），两面要平行，尺寸误差在 ±0.02mm 之内。

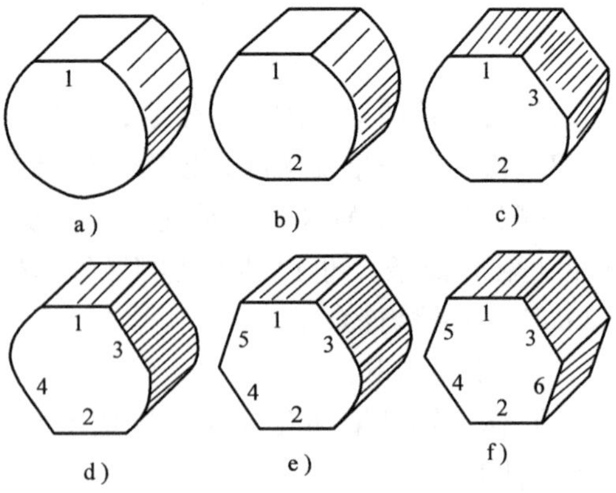

图 5-32 外六角锉削方法

5）以第一面为基准，锉第五面（图5-32e），用做好的内六角 120°样板检查，要求角度准确，并与外圆平行，尺寸误差在 ±0.02mm 之内。

6）锉第五面对面时（图 5-32f），以锉好的第五面为基准，按尺寸划线锉第六面，两面要平行，尺寸误差在 ±0.02mm 之内。

7）全部检查一遍，并修毛刺和倒棱。

内六角加工步骤：

1）按外六角尺寸划出内六角的加工线：将工件放在标准平板上，先用游标高度尺，在工件的正反两面划出内六角的十字中心线。再根据此中心线用作图法在两面划出内六角的加工线，然后按六角对边尺寸（一般常缩小 1~2mm）钻孔，去掉内六角余料。

2）粗锉六角形，一般锉至离线 0.1mm 左右。

3）精锉六角形三个相邻面（1、3、5 面），用外六角 120°样板测量角度，并用外六角形柱体试配检查面的边长及其 120°角度。

4）精锉六角 1、3、5 面的对面 2、4、6 面，用同样方法检查，最后认定一面将外六角形柱体 1、2 面用角塞入内六角 1、2 面，用同样方法塞入其他的面，达到外六角塞入即可。

5）用外六角对各面进行试塞，这时若六面都能嵌进一些，就要用透光法和涂色法来检验并加以修正。在修正时要注意面与面之间应该互借间隙，经过反复检查，反复的修锉，直至外六角形柱体全部嵌入内六角之中，最后进行调向试配，用涂色法检查修正，使其达到六面全部能轻松自如地推进，且各面均能互换，这时内外六角锉配即告结束。

内外六角锉配，最关键的是外六角形柱体的每个尺寸、角度都应准确，最后嵌入时才能达到互换要求。

第五节　锉削时的废品分析和安全技术

目前，锉削主要用作修整工件或工具的精加工工序，往往是最后一道工序。如果出了废品，不仅浪费了原材料，也浪费了前面各道工序的加工时间和费用。因此在锉削工作中，必须仔细、谨慎地进行。

一、锉削时的废品分析及预防方法（见表 5-2）

表 5-2　锉削时的废品分析及预防方法

废品形式	原　因	预防方法
工件夹坏	1. 台虎钳将加工过的表面夹出伤痕 2. 夹紧力太大，把空心件夹扁 3. 薄而大的工件没夹好，锉时变形	1. 夹紧精加工件应钳口垫铜皮 2. 夹紧力不要太大，夹薄管最好用两块弧形木垫 3. 夹薄而大的工件要用辅助工具
工件表面中凸	1. 操作技术不熟练，锉刀摇摆 2. 锉刀工作面中凹 3. 用力不当，使工件塌边或塌角	1. 掌握正确的锉削姿势，采用交叉锉法 2. 选用锉刀时要检查锉刀锉面，不能使用凹面锉刀 3. 用力要平衡，要经常测量、检查，随时校正
尺寸和形状不准确	1. 划线不对 2. 没有掌握每锉一次的锉削量而又不及时检查，超出尺寸界限	1. 检查图样，正确划线，要仔细复查 2. 对每锉一次的锉削量要心中有数，锉削时思想要集中，并经常检查

（续）

废品形式	原　　因	预防方法
表面不光洁	1. 锉刀粗细选择不当 2. 粗锉时锉痕太深或细锉余量太少 3. 锉屑嵌在锉纹中未清除	1. 合理使用锉刀 2. 粗锉时应始终注意表面粗糙度，避免深痕出现，要有适当的余量留给细锉 3. 清除嵌在锉纹中的锉屑
锉掉了不该锉的部位	1. 没选用光边锉刀 2. 锉刀打滑把邻边平面锉伤	1. 锉削垂直面时应选用光边锉刀或锉刀边磨成光边 2. 锉削时要注意力集中，不要锉到邻边

二、锉削的安全技术

锉削一般不易产生事故，但为了避免不必要的伤害，工作时仍应该注意以下事项：

1）锉刀放置在右侧，不要使锉刀露出钳台外面，以防落下而砸伤脚或损坏锉刀。

2）不使用无柄的或柄已裂开的锉刀进行工作，锉刀柄应装紧，否则不但使不上劲，而且可能因柄脱掉而刺伤手腕。

3）在锉削工件时，不可用嘴吹铁屑，防止铁屑飞进眼里；也不可用手清除铁屑，以防铁屑刺入手内。

4）锉削时不可用手摸锉削后的表面，这是因为手摸后的表面会沾上油污，再锉时锉刀会打滑，而容易造成危险。

5）锉刀不能当作撬棒使用，以防锉刀断裂，造成事故。

6）在用锉刀全长时，应防止锉刀柄碰撞工件，避免锉刀脱落，锉刀翘起而伤人。

本 章 小 结

本章介绍了锉刀的基本知识、锉刀的种类及保养、锉削时产生废品的原因及预防方法。重点介绍了锉刀的握法、锉削时的姿势、基本锉削方法、各种表面的锉削方法。

思 考 题

1. 锉刀为什么可以锉出光洁的表面？

2. 粗锉、细锉、油光锉各在哪些情况下使用？

3. 怎样正确使用和保养锉刀？

4. 顺向锉、交叉锉和推锉这三种锉法各有哪些优缺点？怎样正确使用？

5. 怎样检查平面的平面度？

6. 试述锉削内外六角工件的工作过程及其要点。

7. 工件表面锉不平的原因有哪些？

第六章

钻孔及铰孔

 学习目标

1. 了解麻花钻的组成及几何参数、麻花钻的刃磨方法、常用钻床附具、立式钻床、手电钻的操作、钻孔时的冷却润滑及废品产生和钻头损坏原因。了解铰刀的种类及结构特点、铰刀的研磨。

2. 掌握在圆柱形工件上和在斜面上钻孔的方法、钻孔时的切削用量、台式钻床的操作、铰孔方法。

3. 重点掌握一般工件的钻孔方法。

孔加工是钳工的重要操作技能之一，也是汽车维修工的基本技能。孔加工的方法主要有两类：一类是在实体工件上加工出孔，即用麻花钻、中心钻等进行钻孔；另一类是对已有孔进行再加工，即用扩孔钻、锪孔钻和铰刀进行扩孔、锪孔和铰孔等。

第一节　钻　头

用钻头在实体工件上加工出孔的方法称为钻孔。在钻床上钻孔时，钻头的旋转是主运动，钻头沿轴向的直线移动是进给运动。

一、麻花钻

1. 麻花钻的组成

麻花钻由柄部、颈部和工作部分组成，如图 6-1 所示。

（1）柄部　柄部是麻花钻的夹持部分，其作用是定心和传递转矩。它有锥柄和直柄两种。一般钻头直径小于

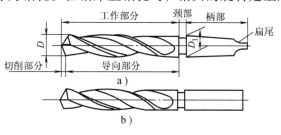

图 6-1　麻花钻
a）锥柄式　b）直柄式

φ13mm 的制成直柄，大于 φ13mm 的制成莫氏锥柄。莫氏锥度是锥度的国际标准，用于静配合以精确定位。由于锥度很小，利用摩擦力的原理，可以传递一定的转矩，又因为是锥度配合，所以可以方便地拆卸。为防止锥柄在锥孔内产生打滑现象，锥柄的尾部制成扁尾形，既增加了传递力矩，又便于钻头从主轴孔或钻套中退出。

（2）颈部　颈部的作用是在磨削钻头时作退刀槽使用，一般也在这个部位刻印钻头的规格、材料牌号及商标等。

（3）工作部分　工作部分由切削部分和导向部分组成。切削部分主要起切削工件的作用。由五刃（两条主切削刃、两条副切削刃、一条横刃）和六面（两个前刀面、两个主后刀面、两个副后刀面）组成。导向部分的作用是保持钻头钻孔时的正确方向、修光孔壁，同时还是切削部分的后备，即在钻头重磨时，导向部分成为切削部分投入切削工作。有两条螺旋槽、两条棱边及钻心组成。

2. 麻花钻工作部分的几何参数

麻花钻切削部分可以看作是正反两把车刀，所以它的几何角度定义及辅助平面的概念都和车刀的基本相同，但又有其自身的特殊性，如图 6-2 所示。

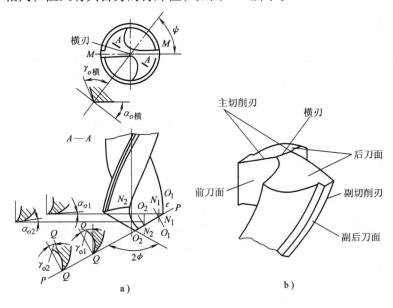

图 6-2　麻花钻的几何形状

a）麻花钻的角度　b）麻花钻各部分名称

（1）螺旋槽　钻头有两条螺旋槽，它的作用是构成切削刃，利于排屑和保证切削液畅通。螺旋槽面又称为前刀面。螺旋角（β）是钻头最外缘螺旋线的切线与钻头轴线的夹角。标准麻花钻的螺旋角在 18°～30°之间。

（2）主后刀面　主后刀面指钻头顶部的螺旋圆锥面。

（3）顶角（$2\phi = 118° \pm 2°$）　钻头两主切削刃在其平行平面内投影的夹角。顶角大，主切削刃短，定心差，钻出的孔径易扩大。但顶角大时前角也大，切削比较轻快。标准麻花钻的顶角为 $2\phi = 118° \pm 2°$，此时两主切削刃呈直线形；大于 118°时，主切削刃呈内凹形；小于 118°时，呈外凸形。

（4）前角（γ_o）　前角是前刀面和基面的夹角。前角大小与螺旋角、顶角和钻心直径有关，而影响最大的是螺旋角。螺旋角越大，前角也就越大。前角大小是变化的，其外缘处最大，自外缘向中心逐渐减小，在钻心至 $D/3$ 范围内为负值；接近横刃处的前角约为 -30°；横刃处的前角约为 -54°～-60°。

（5）后角（α_o）　后角是主后刀面与切削平面之间的夹角。后角也是变化的，其外缘处最小，越接近钻心后角越大。主切削刃外缘处的后角 $\alpha_o = 9°$～12°（钻头直径 15～30mm）；

$\alpha_o = 10° \sim 14°$（钻头直径小于 15mm）；$\alpha_o = 8° \sim 11°$（钻头直径大于 30mm）。

（6）横刃　钻头两主切削刃的连线（就是两主后刀面的交线）称为横刃。横刃太长，轴向力增大；横刃太短，则会影响钻头的强度。

（7）横刃斜角（ψ）　在垂直于钻头轴线的端面投影中，横刃与主切削刃所夹的锐角，称为横刃斜角。它的大小主要由后角决定，后角大，横刃斜角小，横刃变长。标准麻花钻的横刃斜角一般为 $\psi = 50° \sim 55°$。

（8）棱边　棱边有修光孔壁和作切削部分后备的作用。为减小与孔壁的摩擦，在麻花钻上制造了两条略带倒锥的棱边（又称刃带）。

二、麻花钻的刃磨

刃磨麻花钻时，主要是刃磨两个主后刀面，同时保证后角、顶角和横刃斜角正确。

1. 麻花钻刃磨后必须达到以下两点要求：

1）麻花钻两主切削刃对称，也就是两主切削刃和轴线成相等的角度，并且长度相等，顶角 $2\phi = 118° \pm 2°$，后角 $\alpha_o = 9° \sim 12°$。

2）横刃斜角为 $\psi = 50° \sim 55°$。

2. 钻头的刃磨

钻头使用变钝或根据不同的钻削要求而需要改变钻头切削部分的几何形状时，需要对钻头进行修磨。

（1）修磨主切削刃　修磨主切削刃时，要将主切削刃置于水平状态，在略高于砂轮水平中心平面，钻头轴线与砂轮圆柱面素线在水平面内的夹角等于钻头顶角 2ϕ 的一半进行刃磨，如图 6-3 所示。

刃磨时，右手握住钻头的头部作为定位支点，并控制好钻头绕轴线的转动和加在砂轮上的压力，左手握住钻头的柄部作上下摆动。钻头绕自身的轴线转动的目的是使其整个后刀面都能磨到，上下摆动的目的是为了磨出一定的后角。两手的动作必须配合协调。由于钻头的后角在钻头的不同半径处是不相等的，所以摆动角度的大小要随后角的大小而变化。

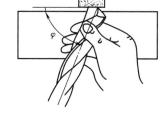

图 6-3　修磨主切削刃

一个主切削刃磨好后，将钻头绕其轴心线翻转 180°，刃磨另一主切削刃，使磨出的顶角 2ϕ 与轴线保持对称。

修磨主切削刃应注意以下几点：

1）检查顶角 2ϕ 的大小是否准确，两切削刃是否对称。其方法是把钻刃向上竖立，两眼平视，由于两主切削刃一前一后，会产生视差，感到左刃（前刃）高而右刃（后刃）低，所以要旋转 180°反复观察，判断是否对称。

2）检查钻头主切削刃的后角 α_o 时，要注意检查后刀面靠近切削刃处。因为后刀面是个曲面，若只粗略地检查后刀面离切削刃较远的部位，则检查出来的数值不是切削刃处的后角大小。主切削刃外缘处的后角应符合要求。

3）检查钻头近钻心处的后角还可以通过检查横刃斜角 ψ 是否准确来确定。

4）修磨主切削刃是钻头刃磨的基本技能，修磨过程中，其主切削刃和顶角、后角和横刃斜角是同时磨出的，要求熟练地掌握好。

（2）**修磨横刃** 钻头与砂轮的相对位置如图6-4所示。先将刃背接触砂轮，然后转动钻头至切削刃的前刀面而把横刃磨短，钻头绕其轴线转180°修磨另一边，保证两边修磨对称。

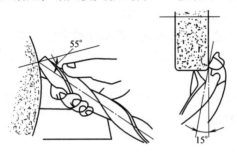

图6-4 修磨横刃

第二节 钻床附具

一、钻夹头

钻夹头用来装夹 φ13mm 以内的直柄钻头，如图6-5所示。其结构和工作原理如下：钻夹头夹头体1的上端有一锥孔，用来与一相同锥度的夹头柄紧配。夹头柄的上端为莫氏锥柄，装入钻床主轴相同的锥孔内，钻床主轴的旋转就带动钻夹头旋转。钻夹头中装有三个夹爪4，用来夹紧钻头的直柄，当带有小锥齿轮的钥匙3带动夹头套2上的大锥齿轮转动时，与夹头套紧配的内螺纹圈5也同时旋转，而内螺纹圈与三个夹爪上的外螺纹是相配的，于是内螺纹圈5的旋转就带动三个夹爪伸出或缩进。当三个夹爪伸出时钻头被夹紧，三个夹爪缩进时钻头就被松开。

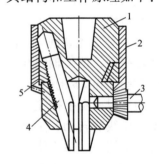

图6-5 钻夹头

1—夹头体 2—夹头套 3—钥匙 4—夹爪 5—内螺纹圈

二、钻头套

钻头套是用来装夹锥柄钻头的，钻孔时应根据钻头锥柄莫氏锥度的号数选用相应的钻头套。钻头套共分为五种，如图6-6所示：

1号钻头套：内锥孔为1号莫氏锥度，外圆锥为2号莫氏锥度。

2号钻头套：内锥孔为2号莫氏锥度，外圆锥为3号莫氏锥度。

3号钻头套：内锥孔为3号莫氏锥度，外圆锥为4号莫氏锥度。

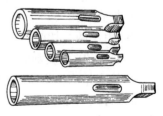

图6-6 钻头套

4号钻头套：内锥孔为4号莫氏锥度，外圆锥为5号莫氏锥度。

5号钻头套：内锥孔为5号莫氏锥度，外圆锥为6号莫氏锥度。

例如，钻床主轴的锥孔为 5 号莫氏锥度，则应选外圆锥为 5 号莫氏锥度的钻头套。

一般立式钻床主轴的锥孔为 3 号或 4 号莫氏锥度，摇臂钻床的锥孔为 5 号或 6 号莫氏锥度。

当把较小的钻头柄装到钻床主轴较大的锥孔内时，就要用钻头套来连接。

当用较小直径的钻头钻孔，而钻床主轴锥孔又较大时，钻头套就不能直接和钻床主轴相配，这时就要把几个钻头套配接起来应用。这样钻头装拆比较麻烦，而且钻床主轴与钻头的同轴度也较差。为此，可采用特制的钻头套，如内锥孔为 1 号莫氏锥度，而外圆锥可制成 3 号、4 号或 5 号莫氏锥度。

三、快换钻夹头

在钻床上加工同一工件时，往往要钻削直径不同的孔，这就需要调换直径不同的钻头（或铰刀等）。用普通的钻夹头或钻头套来装夹刀具，既显得很不方便，又要多次借助敲打来装卸钻头，不仅容易损坏钻头和钻头套，甚至影响到钻床的精度。采用快换钻夹头能避免上述缺点，并可做到不停车换装刀具，大大提高生产效率。快换钻夹头的结构如图 6-7 所示。

工作原理如下：夹头体 5 的莫氏锥柄装在钻床主轴锥孔内。可换钻套 3 根据孔加工的需要备有多个，且内锥孔先装好所需刀具，其外圆表面有两个凹坑，钢球 2 嵌入凹坑时，就可随夹头体一起转动，如图 6-7 所示。

滑套 1 内孔与夹头体外表面为间隙配合。当需要更换刀具时，不必停车，只要用手把滑套 1 向上推，两粒钢球 2 就因受离心力而飞出凹坑。此时，另一只手就可把装有钻头的可换套向下取出，然后把另一可换钻套插入，放下滑套 1，两粒钢球 2 就重新嵌入可换钻套的两个凹坑内，此时可换装套就装好了。弹簧环 4 是限制滑套上下位置用的。

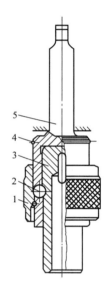

图 6-7 快换钻夹头
1—滑套 2—钢球
3—可换钻套 4—弹簧环 5—夹头体

第三节 钻床和电钻

一、台式钻床

台式钻床结构简单，操作方便，用于在小型零件上钻、扩 $\phi 12mm$ 以下的孔。图 6-8 为 Z4012 型台钻总体结构图。

1. Z4012 型台钻技术规格

最大钻孔直径	$\phi 12mm$
主轴下端锥度	莫氏 2 号短型
主轴最大行程	100mm
主轴轴线至立柱表面距离	193mm
主轴端面到底座面距离	20 ~ 240mm

电动机功率	0.6kW
主轴转速	480～4100r/min 分5级
主轴绕立柱回转角度	360°

2. Z4012型台钻的结构

（1）机头 主轴架2安装在立柱3上，用手柄4进行锁紧。主柱3装在主轴架孔内。主轴架右侧为进给手柄。主轴下端的螺母供更换或卸下钻夹头时使用。

（2）立柱 截面为圆形，它的顶部装有机头升降机构。当机头靠旋转摇把升到所需高度后，应将手柄旋紧，将机头锁住。

（3）电动机 松开螺钉，可推动电动机托板带动电动机前后移动，借以调节V带的松紧。

（4）机座 中间有一条T形槽，用来装夹工件或夹具。四角有安装用的螺栓孔。

（5）电气部分 操作转换开关可使主轴正、反转或停机。

二、立式钻床

Z525型立式钻床是一种应用广泛的钻床。在钻床主轴内装入各种不同的刀具就可以进行钻孔、扩孔、锪孔、铰孔、镗孔、刮端面和攻螺纹等多种加工，结构如图6-9所示。

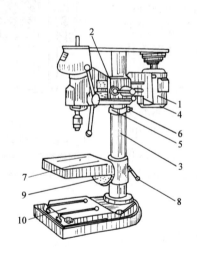

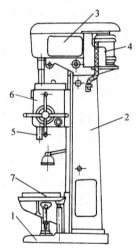

图6-8 台式钻床

1—电动机 2—主轴架 3—立柱 4、8—锁紧手柄
5—定位环 6—锁紧螺钉 7—工作台
9—转盘 10—机座

图6-9 Z525型立式钻床

1—底座 2—立柱 3—变速器 4—电动机
5—主轴 6—进给箱 7—工作台

1. Z525型立式钻床的技术规格

最大钻孔直径	ϕ25mm
主轴锥孔锥度	莫氏3号锥度
主轴最大行程	175mm
进给箱行程	200mm
主轴轴线到导轨面距离	250mm
工作台面积	500mm×375mm

主轴端面至工作台面距离	0～700mm
主轴端面到底座距离	725～1100mm
主电动机功率	2.8kW
主轴最大转矩	250N·m
主轴最大进给力	9000N
主轴转速	97～1360 r/min，分9级
主轴进给量	0.1～0.81mm/r，分9级

2. 立钻的操作

Z525 型立式钻床的主要部件有变速箱、进给箱、进给机构、主轴等。

（1）主轴变速 即改变主轴的转速。

机床的动力源是装在变速器后的主电动机，通过改变变速器左边两个手柄相对位置，使主轴获得9种转速。

（2）进给调整 当采用机动进给时，转动进给箱外两个较短的操作手柄时，可使机床获得9种进给量；手动进给时，则通过操纵进给箱右侧的手柄来控制主轴移动的速度，从而得到不同的进给量；在机动进给时，可以允许大于机动进给量的手动进给，当手动进给停止，主轴立即进入机动进给。

（3）进给箱和工作台的调整 Z525 型立式钻床的主轴端面至工作台的距离，可在 0～700mm 范围内调整，以适应实际工作的需要。转动进给箱或工作台右侧的手柄，通过机械传动带动进给箱或工作台移动到所需要的位置。对于移动位置后的进给箱，在进行切削加工前必须要在立柱上夹紧固定。

三、手电钻

手电钻是一种手提式的电动工具。当受工件形状或加工部位的限制不能用钻床加工时，则可用手电钻加工。它使用灵活，携带方便。

手电钻的电源电压分单相（220V 和 36V）和三相（380V）两种。采用单相电压的电钻规格有 6mm、10mm、13mm、19mm、23mm 等几种。采用三相电压的电钻规格有 13mm、19mm、23mm。使用时可根据不同情况进行选择。手电钻一般以最大钻孔直径来表示。图 6-10 所示为手电钻的常用形式。

手电钻是由人工直接握持操作的，保证电气安全极为重要，220V 的电钻操作时一般均须采取相应的安全措施，而 36V 电钻又需供应低压电源，如果采用双重绝缘结构的电钻，操作时就不必另加安全措施。图 6-11 所示的是双重绝缘电钻的结构。

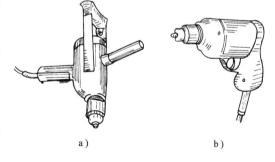

a) b)

图 6-10 常用手电钻
a) 手提式 b) 手枪式

这种双重绝缘电钻的电动机通过减速齿轮驱动电钻主轴旋转。在主轴上装有钻头或套筒（13mm 以下的电钻采用钻夹头；13mm 以上的电钻采用莫氏圆锥套筒）。开关为手携式快速切断，并具有自锁装置。电动机自行通风冷却，定子、转子经特殊的绝缘处理，定子与机壳之间装入塑料套圈，加上塑料外壳组成双层绝缘结构。把减速器与电动机用铆钉固定在一起，经两级齿轮减速，转速为1200r/min。

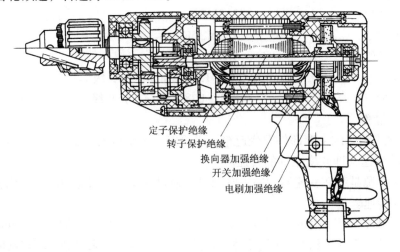

定子保护绝缘
转子保护绝缘
换向器加强绝缘
开关加强绝缘
电刷加强绝缘

图6-11　双重绝缘手电钻

手电钻的维护和安全操作：

1）塑料外壳要妥善保护，不能碰裂，不要与汽油及其他溶剂接触。

2）电钻的通风位置必须保持畅通，防止铁屑等杂物进入，以免损坏电钻。

3）钻头必须锋利，钻孔时不宜用力过猛，以防电钻过载。当转速明显降时，应立即减小压力。手电钻因故突然停转时，必须立即切断电源检查。

4）装夹钻头时，要用钻钥匙，禁用手锤等敲击，以免损坏钻夹头。

5）使用时，必须握持电钻手柄，不能一边拉动软线一边搬动电钻，以防止软线擦破、割断而引起触电事故。

第四节　钻 孔 方 法

一、工件的夹持

工件钻孔时，要根据工件的不同形状以及钻削力的大小等情况，采用不同的装夹方法，以保证钻孔的质量和安全。常用的基本装夹方法如下：

1）平整的工件可用平口钳装夹，如图6-12a所示。夹持时，应使工件表面与钻头垂直。钻大于φ8mm的孔时，必须将平口钳用螺钉或压板固定。钻通孔时，工件底部应垫上垫块，空出落钻位置，以免钻伤钳身。

2）圆柱形的工件可用V形块对工件装夹，如图6-12b所示。装夹时应使钻头轴线垂直通过V形块的对称平面，保证钻出孔的中心线通过工件的轴线。

3）对较大的工件且钻孔直径在φ10mm以上时，可用阶梯垫铁配压板夹持的方法进行钻孔，如图6-12c所示。在调压板时应注意：

① 压板厚度与压紧螺钉直径的比例要适当，不能使压板弯曲变形而影响压紧力。

② 压板螺钉应尽量靠近工件，垫铁应比压紧表面略高，以保证对工件有较大的压紧力

和避免工件在夹紧过程中移位。

③ 当压紧表面为已加工表面且需要保护时，要用衬垫保护，以防压出印痕。

4）底面不平或加工基准在侧面的工件，可用角铁进行装夹，如图 6-12d 所示。由于钻孔时的轴向力作用在角铁安装平面之外，因此角铁必须用压板固定在钻床工作台上。

5）在小型工件或薄板件上钻小孔时，可将工件放置在定位块上，并用虎钳进行夹持，如图 6-12e 所示。

6）圆柱工件端面钻孔时，可将工件用自定心卡盘进行装夹，如图 6-12f 所示。

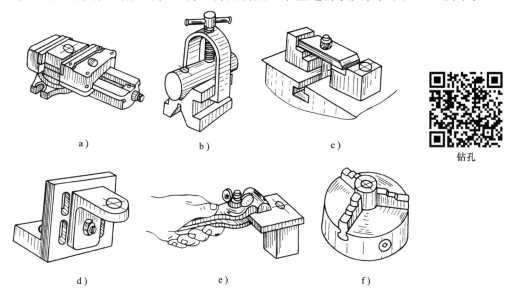

钻孔

图 6-12　工件装夹方法

a）用平口钳　b）用 V 形块　c）用阶梯压板　d）用角铁　e）用虎钳　f）用自定心卡盘

二、一般工件的钻孔方法

1. 工件的划线

按照孔的位置尺寸要求，用高度尺划出十字中心线，并在交点处准确地打上样冲眼。根据孔的尺寸划出圆周线，对于较大的孔径，应划出几个大小不等的检查圆（图 6-13a），以便于在钻孔时检查和借正孔位；而以中心线为对称中心，直接划出的几个大小不等的方框线（图 6-13b），其划线精度更高。钻孔前应把孔中心的样冲眼用样冲再冲大一些，以使钻头的横刃预先落入样冲眼的锥坑中，这样钻孔时钻头就不易偏离孔的中心。

2. 起钻

先使钻头对准钻孔中心钻出一浅坑，观察钻孔位置是否正确，并要不断借正，使浅坑与划线圆同心。

3. 借正

借正方法是：如偏位较少，可在起钻的同时用力将工件向偏位的反方向推移，达到逐步校正；如偏位较多，可在借正方向上打几个样冲眼或用油槽錾錾出几条槽，如图 6-14 所示，以减少此处钻削的阻力，达到借正目的。但无论何种方法，都必须在锥坑外圆小于钻头直径之前完成。

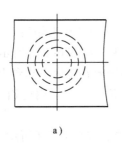 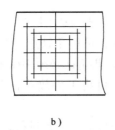 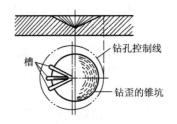

a)　　　　　　　　b)

图 6-13　孔位检查线的形式

a）检查圆　b）检查方框

图 6-14　用錾槽校正起钻偏位的孔

4. 限位

钻不通孔时，可按所需钻孔深度调整钻床挡块限位。当所需孔深度要求不高时，也可用标尺限位。

5. 分两次钻削

当钻削直径大于 30mm 的大孔时，由于机床、刀具的强度和刚度等因素，一般要分两次钻削，先用 0.5～0.7 倍孔径的钻头钻削，然后再用所需孔径的钻头扩孔，这样可以减小轴向力，保护机床，同时也可提高钻孔质量。

6. 排屑

钻深孔时，钻头钻进深度达到直径的 3 倍时，钻头就要退出排屑一次。以后每钻进一定深度，钻头就要退出排屑一次。要防止连续钻进使切屑堵塞在钻头的螺旋槽内而折断钻头。

7. 进给操作

当起钻达到钻孔的位置要求后，即可压紧工件完成钻孔。手动进给时，进给用力不应使钻头产生弯曲现象，以免孔轴线歪斜；钻小直径孔或深孔时进给量要小，并要经常退钻排屑，以免切屑阻塞而扭断钻头。一般在钻孔深度达直径的 3 倍时，一定要退钻排屑。通孔将钻穿时，进给量必须减小，以防止因轴向力突然减小，使钻头以很大的进给量自动切入，造成钻头折断、质量降低或使工件随着钻头转动造成事故等。

三、在圆柱形工件上钻孔的方法

在轴类或套类等圆柱形工件上钻与轴线垂直并通过圆心的孔，当孔的中心与工件中心线对称度要求较高时，钻孔前在钻床主轴下要安放 V 形铁，以备搁置圆形工件（可用压板较轻地把 V 形铁压住，便于最后校正时调整）。V 形铁的对称线与工件的钻孔中心线，必须校正到与钻床主轴的轴线在同一条铅垂线上，然后在钻夹头上夹上一个定心工具（圆锥体），如图 6-15a 所示，并用指示表找正定心工具，使之与主轴达到同轴度要求，并使它的振摆量在 0.01～0.02mm 之间。接着调整 V 形铁使之与圆锥体的角度彼此贴合，此即为 V 形铁的正确位置。校正后把 V 形铁压紧固定，此时把工件放在 V 形铁槽上，用直角尺找正工件端面的钻孔中心线（此中心线应先划好），使其保持垂直，即得

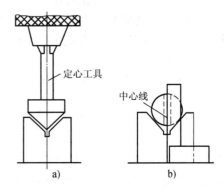

图 6-15　在圆柱形工件上钻孔

工件的正确位置。

使用压板压紧工件后，就可对准钻孔的中心试钻浅坑。试钻时看浅坑是否与钻孔中心线对称，如不对称可借正工件再试钻，直至对称为止，然后正式钻孔。使用这样的加工方法，孔的对称度可在 0.1mm 范围内。

当孔的对称精度要求不高时，可不用定心工具，而用钻头顶尖来找正 V 形铁的中心位置。然后用直角尺找正工件端面的中心线，如图 6-15b 所示，此时钻尖对准孔中心即可进行试钻，然后再钻孔。

四、在斜面上钻孔的方法

在斜面上钻孔时，容易产生偏斜和滑移，如操作不当就会使钻头折断。

在斜面上钻孔时防止钻头折断的方法有：

1）在斜面的钻孔处，先用立铣刀铣出或用錾子錾出一个平面，然后再划线钻孔，如图 6-16 所示。

在斜面上铣出平面、錾出平面后，应先划线、用样冲定出中心，然后再用中心钻钻出锥坑或用小钻头钻出浅孔，当位置准确后才可用钻头钻孔。

2）用圆弧刃多能钻直接钻孔，如图 6-17 所示。

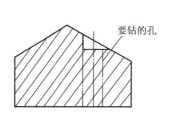

图 6-16　用立铣刀先铣出平面

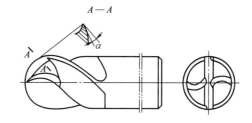

图 6-17　圆弧刃多能钻

圆弧刃多能钻是用普通麻花钻通过手工刃磨而成，因为它的形状是圆弧形，所以圆弧刃的各点半径上都有相同的后角（一般后角刃磨成 6°~10°）。且横刃经过修磨形成了很小的钻尖，这就加强了定心作用。因此通过刃磨后的钻头类似于一把铣刀。

圆弧刃多能钻头在斜面上钻孔时应采用低转速和手进给，其在钻孔时虽然是单面受力，但由于切削刃是圆弧形，改变了偏切削的受力情况，所以钻头所受的径向分力要小些，加之修的横刃加强了定心，故能保证钻孔的正确方向。

第五节　钻孔时的冷却、润滑和切削用量

一、钻孔时的冷却和润滑

为了使钻头散热冷却，减少钻削时钻头与工件、切屑之间的摩擦以及消除粘附在钻头和工件表面上的积屑瘤，降低切削抗力，提高钻头寿命和改善加工孔的表面质量，钻孔时要加注足够的切削液。钻各种材料选用的切削液见表 6-1。

表 6-1　钻各种材料用的切削液

工 件 材 料	切 削 液
各类结构钢	3%～5%（质量分数，余同）乳化液；7%硫化乳化液
不锈钢、耐热钢	3%肥皂加2%亚麻油水溶液，硫化切削油
纯铜、黄铜、青铜	不用；5%～8%乳化液
铸铁	不用；5%～8%乳化液，煤油
铝合金	不用；5%～8%乳化液，煤油，煤油与菜油的混合油
有机玻璃	5%～8%乳化液，煤油

二、钻孔时的切削用量

1. 切削用量

钻孔时的切削用量包括：切削深度、进给量和切削速度。

（1）切削深度（a_p）　待加工表面到已加工表面之间的垂直距离。钻削时，切削深度等于钻头直径的一半，如图 6-18 所示。

（2）进给量（f）　主轴旋转一周，钻头沿主轴轴线移动的距离。其单位是 mm/r。

（3）切削速度（v）　钻孔时，钻头最外缘处的线速度。切削速度的计算公式：

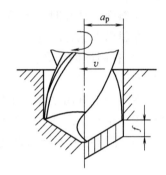

图 6-18　切削深度和进给量

$$v = \pi Dn/1000$$

式中　v——切削速度（m/min）；

　　　n——钻床主轴转速（r/min）；

　　　D——钻头直径（mm）。

2. 钻孔时的切削用量的选择

（1）选择切削用量的目的　选择切削用量的目的是在保证加工精度、表面粗糙度、钻头合理寿命的前提下，使生产效率最高；同时不允许超过机床的功率和机床、刀具、工件、夹具等的强度和刚度。

（2）选择切削用量的基本原则　钻孔时选择切削用量基本原则是：在允许范围内，尽量选择较大的进给量，当进给量受到表面粗糙度和钻头刚度的限制时，再考虑较大的切削速度。

（3）切削用量的选择　钻孔时，由于切削深度已由钻头直径所决定，所以只需选择切削速度和进给量。

1）进给量的选择。高速钢标准麻花钻的进给量可按表 6-2 选择。

表 6-2　高速钢标准麻花钻的进给量

钻头直径 d/mm	<3	3～6	6～12	12～25	>25
进给量 f/mm·r^{-1}	0.025～0.05	0.05～0.10	0.10～0.18	0.18～0.38	0.38～0.62

当孔的精度要求较高和表面粗糙度值要求较小时，应选取较小的进给量。当钻孔较深、

钻头较长、机床刚度强度较差时，也应选取较小的进给量。

2）钻削速度的选择。当钻头的直径和进给量确定后，钻削速度应按钻头的使用寿命选取合理的数值，一般根据经验选取（可参考表6-3）。当孔深较大时，应选取较小的切削速度。

表6-3　高速钢标准麻花钻的钻削速度

加工材料	硬度（HBW）	钻削速度 $v/\text{m} \cdot \text{min}^{-1}$	加工材料	硬度（HBW）	钻削速度 $v/\text{m} \cdot \text{min}^{-1}$
低碳钢	100～125	27	可锻铸铁	110～160	42
	>125～175	24		>160～200	25
	>175～225	21		>220～240	20
中高碳钢	125～175	22		>240～280	12
	>175～225	20	球墨铸铁	140～190	30
	>225～275	15		>190～225	21
	>275～325	12		>225～260	17
合金钢	175～225	18		>260～300	12
	>225～275	15	低碳铸钢		24
	>275～325	12	中碳铸钢		18～24
	>325～375	10	高碳铸钢		15
灰铸铁	100～140	33	铝合金、镁合金		75～90
	>140～190	27	铜合金		20～48
	>190～220	21	高速工具钢	200～250	13
	>220～260	15			
	>260～320	9			

第六节　钻孔时的废品分析和钻头损坏的原因

钻孔时产生废品的原因是由于钻头刃磨不准确、钻头或工件装夹不妥当、切削用量选择不适当和操作不正确等所造成。

钻孔时钻头损坏的原因是由于钻头用钝、切削用量太大、排屑不畅、工件装夹不妥和操作不正确等所造成。具体的原因见表6-4。

表6-4　钻孔时的废品分析及钻头损坏的原因

出现问题	产生原因
孔大于规定尺寸	1. 钻头两切削刃长度不等,高低不一致 2. 钻床主轴径向偏摆或工作台未锁紧,有松动 3. 钻头本身弯曲或装夹不好,使钻头有过大的径向跳动现象
孔壁粗糙	1. 钻头不锋利 2. 进给量太大 3. 切削液选用不当或供应不足 4. 钻头过短、排屑槽堵塞
孔位偏移	1. 工件划线不正确 2. 工件装夹不正确 3. 钻头横刃太长,定心不准,起钻过偏而没有校正

（续）

出 现 问 题	产 生 原 因
孔歪斜	1. 工件上与孔垂直的平面与主轴不垂直或钻床主轴与台面不垂直 2. 工件安装时,安装接触面上的切屑未清除干净 3. 工件装夹不牢或工件有砂眼 4. 进给量过大使钻头产生弯曲变形
钻孔呈多角形	1. 钻头后角太大 2. 钻头两主切削刃长短不一,角度不对称
钻头工作部分折断	1. 钻头用钝后还继续钻孔 2. 钻孔时未经常退钻排削,使切屑在钻头螺旋槽内部阻塞 3. 孔将钻通时没有减小进给量 4. 进给量过大 5. 工件未夹紧,钻孔时产生松动 6. 在黄铜等软金属类工件上钻孔时,钻头后角太大,前角又没有修磨而造成扎刀
切削刃迅速磨损或碎裂	1. 切削速度太高 2. 没有根据工件材料硬度来刃磨钻头角度 3. 工件表面或内部硬度高或有砂眼 4. 进给量过大 5. 切削液不足

第七节　铰孔和铰刀

用铰刀从工件孔壁上切除微量金属层,以提高其尺寸精度和降低表面粗糙度值的方法,称为铰孔。由于铰刀的刃齿数量多,切削余量小,故切削阻力小,导向性好,加工精度高,公差等级可达 IT9 ~ IT7,表面粗糙度值可达 $Ra1.6\mu m$。

一、铰刀的种类及结构特点

铰刀的种类很多,钳工常用的铰刀有以下几种:

1. 整体圆柱铰刀

整体圆柱铰刀分机用和手用两种,其结构如图 6-19 所示。

铰刀由工作部分、颈部和柄部三个部分组成。其中工作部分又有切削部分与校准部分。主要结构参数有:直径(D),切削锥角(2ϕ),切削部分和校准部分的前角(γ_o)、后角(α_o),校准部分的刃带宽(f),齿数(z)等。

（1）切削锥角(2ϕ）　切削锥角 2ϕ 决定铰刀切削部分的长度,对切削力的大小和铰削质量也有较大影响。适当减小切削锥角 2ϕ,是获得较小表面粗糙度值的重要条件。一般手用铰刀的 $\phi = 30' ~ 1°30'$,这样定心作用好,铰削时轴向力也较小,切削部分较长。机用铰刀铰削铸钢及其他韧性材料的通孔时 $\phi = 15°$,铰削铸铁及其他脆性材料的通孔时 $\phi = 3° ~ 5°$;机用铰刀铰不通孔时,为了使铰出孔的圆柱部分尽量长,要采用 $\phi = 45°$ 的铰刀。

（2）切削角度　铰孔的切削余量很小,切屑变形也小,一般铰刀切削部分的前角 $\gamma_o = 0° ~ 3°$,校准部分的前角 $\gamma_o = 0°$,使铰削近于刮削,以减小孔壁的表面粗糙度值。铰刀切削

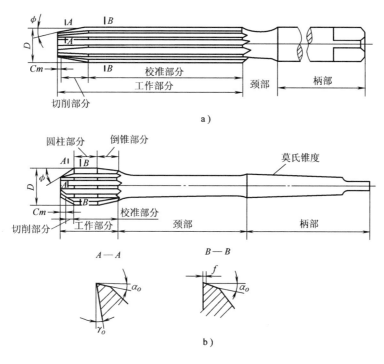

图 6-19　整体式圆柱铰刀

a）手用铰刀　b）机用铰刀

部分和校准部分的后角都磨成 $\alpha_o = 6° \sim 8°$。

（3）校准部分刃带宽度（f）　校准部分的切削刃上留有无后角的棱边。其作用是引导铰刀的铰削方向和修整孔的尺寸，同时也便于测量铰刀的直径，一般 $f = 0.1 \sim 0.3 \, \text{mm}$。

（4）倒锥量　为了避免铰刀校准部分的后面摩擦孔壁，故在校准部分磨出倒锥量。机用铰刀铰孔时，因切削速度高，导向主要由机床保证。为减小摩擦和防止孔口扩大，其校准部分做得较短，倒锥量较大（$0.04 \sim 0.08 \, \text{mm}$），校准部分有圆柱形校准部分和倒锥校准部分两段。手用铰刀切削速度低，全靠校准部分导向，所以校准部分较长，整个校准部分都做成倒锥，倒锥量较小（$0.005 \sim 0.008 \, \text{mm}$）。

（5）标准铰刀的齿数　当直径 $D < 20 \, \text{mm}$ 时，$z = 6 \sim 8$；当 $D = 20 \sim 50 \, \text{mm}$ 时，$z > 8 \sim 12$。为了便于测量铰刀的直径，铰刀齿数多取偶数。

一般手用铰刀的齿距在圆周上是不均匀分布的，如图 6-20b 所示。

机用铰刀工作时靠机床带动，为制造方便，都做成等距分布刀齿，如图 6-20a 所示。

（6）铰刀直径　铰刀直径是铰刀最基本的结构参数，其精确程度直接影响铰孔的精度。铰刀直径尺寸一般留有 $0.005 \sim 0.02 \, \text{mm}$ 的研磨量，待使用者按需要尺寸研磨。

铰孔后孔径有时可能收缩，如使用硬质合金铰刀、无刃铰刀或铰硬材料时，挤压比较严重，铰孔后由于弹性复原而使孔径缩小。铰铸铁时加煤油润滑，由于煤油的渗透性强，铰刀与工件之间油膜产生挤压作用，也会产生铰孔后孔径缩小现象。目前收缩量的大小无统一规定，一般应根据实际情况来决定铰刀直径。

铰孔后的孔径有时也可能扩张。影响扩张量的因素很多，情况也较复杂。如确定铰刀直

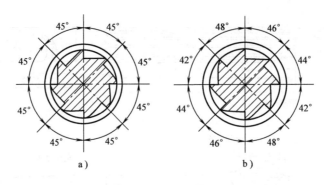

图 6-20   铰刀刀齿分布

a）均匀分布   b）不均匀分布

径无把握时，最好通过试铰，按实际情况修正铰刀直径。

2. 可调节的手用铰刀

整体圆柱铰刀主要用来铰削标准直径系列的孔。在单件生产和修配工作中，需要铰削少量的非标准孔，则应使用可调节的手用铰刀。图 6-21 所示为可调节手用铰刀。

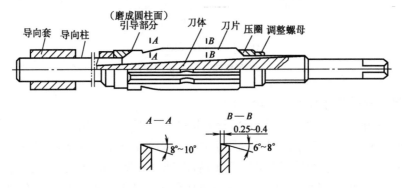

图 6-21   可调节手用铰刀

可调节铰刀的刀体上开有斜底槽，具有同样斜度的刀片可放置在槽内，用调整螺母和压圈压紧刀片的两端。调节调整螺母，可使刀片沿斜底槽移动，即能改变铰刀的直径，以适应加工不同孔径的需要。加工孔径的范围为 6.25 ~ 44mm，直径的调节范围为 0.75 ~ 10mm。刀片切削部分的前角 $\gamma_o = 0°$，后角 $\alpha_o = 8° ~ 10°$。校准部分的后角为 $6° ~ 8°$，倒棱宽度 $f = 0.25 ~ 0.40mm$。

可调节手用铰刀的刀体用 45 钢制作，直径小于或等于 12.75mm 的刀片用合金工具钢制作，直径大于 12.75mm 的刀片用高速工具钢制作。

3. 锥铰刀

锥铰刀用于铰削圆锥孔，常用的有以下几种：

1）1:50 锥铰刀。用来铰削圆锥定位孔的铰刀，其结构如图 6-22 所示。

2）1:10 锥铰刀。用来铰削联轴器上锥孔的铰刀。

3）莫式锥铰刀。用来铰削套式刀具上锥孔的铰刀。

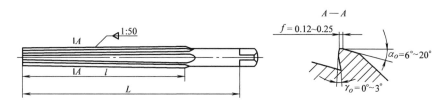

图 6-22　1:50 锥铰刀

用锥铰刀铰孔，加工余量大，整个刀齿都作为切削刃进入切削，负荷重，因此，每进刀 2~3mm 应将铰刀取出一次，以清除切屑。1:10 锥孔和莫氏锥孔的锥度大，加工余量大，为使切削省力，这类铰刀一般制成 2~3 把一套，其中一把是精铰刀，其余是粗铰刀。粗铰刀的刃上开有螺旋形分布的分屑槽，以减轻切削负荷。图 6-23 所示是两把一套的锥铰刀。

锥度较大的锥孔，铰孔前的底孔应钻成阶梯孔，如图 6-24 所示。阶梯孔的最小直径按锥度铰刀小端直径确定，并留有铰削余量，其余各段直径可根据锥度推算。

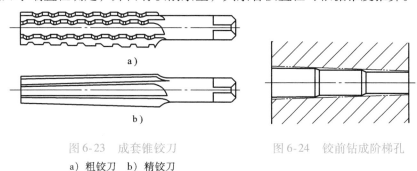

图 6-23　成套锥铰刀
a）粗铰刀　b）精铰刀

图 6-24　铰前钻成阶梯孔

4. 螺旋槽手用铰刀

用普通直槽铰刀铰削有键槽的孔时，因为切削刃会被键槽边钩住，而使铰削无法进行，因此必须采用螺旋槽铰刃。它的结构如图 6-25 所示。用这种铰刀铰孔时，铰削阻力沿圆周均匀分布，铰削平稳，铰出的孔光滑。一般螺旋槽的方向应是左

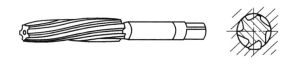

图 6-25　螺旋槽铰刀

旋，以避免铰削时因铰刀的正向转动而产生自动旋进的现象，同时，左旋切削刃容易使切屑向下，易推出孔外。

二、铰刀的研磨

新的标准圆柱铰刀，直径上留有研磨余量，而且棱边的表面粗糙度值也高，所以铰削 3 级以上精度的孔时，先要将铰刀直径研磨到所需的尺寸精度。

研磨铰刀的研具有以下几种。

1. 径向调整式研具（图 6-26）

它是由壳套、研套和调整螺钉组成的。孔径尺寸是用精镗或本身铰刀铰出。研套的尺寸胀缩是依靠开有斜缝后的弹性变形，由调整螺钉控制。这种研具制造方便，但孔径因研套胀

缩不匀而精度不太高。

2. 轴向调整式研具（图6-27）

它是由壳套、研套、调整螺母和限位螺钉组成的。旋动两端的调整螺母，使带槽的研套在限位螺钉的控制下，做轴向位移，就可使研套的孔径得到调整。这种研具由于研套的胀缩均匀、准确，能使尺寸公差控制在很小范围内，故适用于研磨精密铰刀。

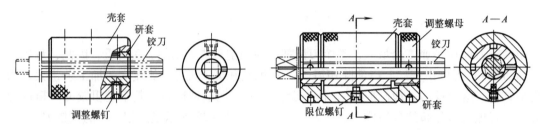

图6-26　径向调整式研具　　　　　　图6-27　轴向调整式研具

3. 整体式研具（图6-28）

它是在铸铁棒上钻小于铰刀直径0.2mm的孔，然后用需要研磨的铰刀铰出。这种研具制造最为方便，但由于没有调整量，只适用于单件生产时研磨不太精确的铰刀。

研磨时铰刀由机床带动旋转（两端用顶尖支持），旋转方向要与铰削方向相反，机床转速以40 ~ 60r/min为宜。研套的尺寸调整到能在铰刀上自由滑

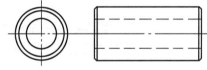

图6-28　整体式研具

动和转动为宜。研磨时用手握住研具做轴向均匀的往复移动。研磨过程中要随时检查质量，铰刀沟槽中的研磨剂要及时清除干净，并重新换上研磨剂后再研磨。

三、铰孔方法

1. 铰孔润滑

铰孔时产生的热量容易引起工件和铰刀的变形，从而降低铰刀的寿命。铰削的切屑容易粘附在切削刃上，不仅会拉伤孔壁，还可能使孔径扩大。因此，铰削时应合理选择切削液。常用切削液见表6-5。

表6-5　铰削时切削液的选择

加 工 材 料	切 削 液
钢	1）10% ~20%（质量分数，下同）乳化液 2）30%工业植物油加70%的浓度为3% ~5%的乳化液 3）工业植物油
铸铁	1）不用 2）煤油（但会引起孔径缩小） 3）3% ~5%的乳化液
铝	1）煤油 2）5% ~8%乳化液
铜	5% ~8%乳化液

2. 铰削用量

铰削用量包括铰削余量（$2a_p$）、切削速度（v）和进给量（f）。

（1）铰削余量（$2a_p$） 铰削余量是由上道工序留下来在直径方向的余量。铰削余量不能过大，否则会使刀齿切削刃负荷增大，铰出孔的精度降低，表面粗糙度值增大；也不能过小，否则上道工序残留变形难以纠正，原切削痕迹不能去除，影响孔的形状精度和表面粗糙度。用高速钢标准铰刀铰孔时，铰削余量可参考表6-6。

表6-6 铰削余量 （单位：mm）

铰孔直径	<5	5~20	21~32	33~50	51~70
铰削余量	0.1~0.2	0.2~0.3	0.3	0.5	0.8

选择铰削余量时，应考虑孔径大小、材料软硬、尺寸精度、表面粗糙度要求及铰刀类型等诸多因素的综合影响。

此外，铰削余量的确定，与上道工序的加工质量有直接的关系。对于铰削前预加工孔出现的弯曲、锥度、椭圆等缺陷，应有一定的限制。根据要求的精度来考虑铰孔的工艺过程。如用标准铰刀铰削直径<40mm、公差等级IT8级、表面粗糙度$Ra1.25\mu m$的孔，其工艺过程为：

钻孔→扩孔→粗铰→精铰。精铰时，铰削余量一般为0.1~0.2mm。

用标准铰刀铰削公差等级为IT9级、表面粗糙度$Ra2.5\mu m$的孔，其工艺过程为：

钻孔→扩孔→铰孔。

（2）机铰时的进给量（f） 机铰时的进给量要适当，过大铰刀易磨损，影响加工质量；过小则很难切下材料，形成对材料的挤压，产生塑性变形和表面硬化，最后形成切削刃撕去大片金属，使表面粗糙度值增大。铰削钢件及铸铁件时，$f=0.5~1mm/r$；铰削铜或铝材料时，$f=1~1.2mm/r$。

（3）机铰时的切削速度（v） 为得到较小的表面粗糙度值，避免产生积削瘤，减小切削热及变形，应取较小的切削速度。用高速钢铰刀铰削钢件时，$v=4~8m/min$；铰削铸铁件时，$v=6~8m/min$；铰削铜件时，$v=8~12m/min$。

3. 铰削要点

1）工件要夹正、夹牢，使操作时对铰刀的垂直方向有一个正确的视觉判断。

2）手铰时，两手用力要平衡，旋转铰杠的速度要均匀，铰刀不得摇摆，以保持铰削的稳定性，避免在孔口处出现喇叭口或将孔径扩大。

3）手铰时，要变换每次的停歇位置，以消除铰刀常在同一处停歇而造成的振痕。

4）铰刀铰孔时，不论进刀还是退刀都不能反转。因为反转会使切屑卡在孔壁和铰刀刀齿后刀面形成的楔形腔内，将孔壁刮毛，甚至挤崩切削刃。

5）铰削钢件时，要经常清除粘在刀齿上的积屑，并可用油石修光切削刃，以免孔壁被划伤。

6）铰削过程中如果铰刀被卡住，不能用力硬扳转铰刀，以防损坏铰刀。而应取出铰刀，清除切屑，检查铰刀，加注切削液。继续铰削时要缓慢进给，以防再次卡住。

7）机铰时，工件应在一次装夹中进行钻、扩、铰，以保证铰刀中心与钻孔中心线一致。铰孔完成后，要待铰刀退出后再停车，以防将孔壁拉出痕迹。

8）铰尺寸较小的圆锥孔时，可先以小端直径按圆柱孔精铰余量钻出底孔，然后用锥铰刀铰削。对尺寸和深度较大的圆锥孔，为减小切削余量，铰孔前可先钻出阶梯孔，然后再用锥铰刀铰削。铰削过程中要经常用相配的锥销或塞规来检查铰孔尺寸。

本 章 小 结

本章介绍了钻孔和铰孔的有关知识，通过学习和操作训练，可以了解麻花钻的组成及几何参数、麻花钻的刃磨方法、常用钻床附具的用法、常用钻床的操作方法、钻孔时切削液的选择及废品产生和钻头损坏原因，各种铰刀的结构特点及研磨方法。重点介绍了一般工件的钻孔方法、在圆柱形工件上和在斜面上钻孔的方法、钻孔时的切削用量和铰孔方法。

思 考 题

1. 简述麻花钻各组成部分的名称及作用。
2. 简述麻花钻各切削角度的定义及作用。
3. 如何修磨麻花钻主切削刃。
4. 钻头套共分几号？如何使用？
5. 快换钻夹头有何优点？
6. Z525 型立式钻床及 Z4012 型台钻的主要部件有哪些？
7. 如何正确使用手电钻？
8. 钻孔时如何正确夹持工件？
9. 简述在圆柱形工件上钻孔的方法。
10. 钻孔时怎样选择切削用量？
11. 铰削余量为什么不能太大或太小？怎样确定铰削余量？

大国工匠——管延安

管延安，曾担任中交港珠澳大桥岛隧工程 V 工区航修队钳工，参与港珠澳大桥岛隧工程建设，负责沉管二次舾装、管内电气管线、压载水系统等设备的拆装维护以及船机设备的维修保养等工作。18 岁起，管延安就开始跟着师傅学习钳工，"干一行，爱一行，钻一行"是他对自己的要求，以主人翁精神去解决每一个问题。通过二十多年的勤学苦练和对工作的专注，一个个细小突破的集成，一件件普通工作的累积，使他精通了錾、削、钻、铰、攻、套、铆、磨、矫正、弯形等各门钳工工艺，因其精湛的操作技艺被誉为中国"深海钳工"第一人，成就了"大国工匠"的传奇，先后荣获全国五一劳动奖章、全国技术能手、全国职业道德建设标兵、全国最美职工、中国质量工匠、齐鲁大工匠等称号。

第七章

攻螺纹与套螺纹

 学习目标

1. 了解常用螺纹的种类和用途、螺纹要素、丝锥的结构和种类、机用攻螺纹方法、攻螺纹和套螺纹时常见缺陷的产生原因、板牙的结构。

2. 掌握普通螺纹的基本尺寸计算、螺纹底孔直径的计算、套螺纹前圆杆直径的计算。

3. 重点掌握手动攻螺纹和套螺纹的方法。

第一节　螺纹基本知识

一、螺纹的种类和用途

螺纹分类的方法很多。按用途可分为紧固螺纹、密封螺纹、管螺纹、传动螺纹、专用螺纹等；按牙型可分为梯形螺纹、三角形螺纹、矩形螺纹、锯齿形螺纹、圆弧螺纹、短牙螺纹、60°螺纹、55°螺纹等；按配合性质或形式分为过渡配合螺纹、过盈配合螺纹、间隙配合螺纹、"锥/锥"配合螺纹、"柱/锥"配合螺纹、"柱/柱"配合螺纹等；按螺距或直径大小分为粗牙螺纹、细牙螺纹、超细牙螺纹、小螺纹等；按单位分为米制螺纹和寸制螺纹等。

常用标准螺纹的种类和用途见表7-1。

表7-1　常用螺纹的种类和用途

螺纹种类		名称及代号		用　　途
常用螺纹	三角形螺纹	普通螺纹	粗牙　M16-6g	应用最广，用于各种紧固件连接件
			细牙　M30×2-6H	用于薄壁件连接或受冲击、振动及微调机构
		寸制螺纹	3/16	牙型有55°、60°两种，用于进口设备维修备件
	管螺纹	55°非密封管螺纹	G1/2	用于水、油、气和电线管路系统
		55°密封管螺纹	$R_p1/2$	适用于高温高压结构的管子、管接头的螺纹密封
		60°密封管螺纹	NPT3/8	用于气体或液体管路的螺纹连接
	梯形螺纹		Tr32×6-7H	广泛用于传力或螺旋传动中
	锯齿形螺纹		B70×10	用于单向受力的连接

二、螺纹的要素

螺纹要素包括螺纹牙型、大径、螺距（或导程）、线数、螺纹公差带、旋向和旋合长度等。

1. 普通螺纹的基本牙型

按 GB/T 196—2003 规定在通过螺纹轴线的剖面上，螺纹的轮廓形状称为螺纹牙型。按

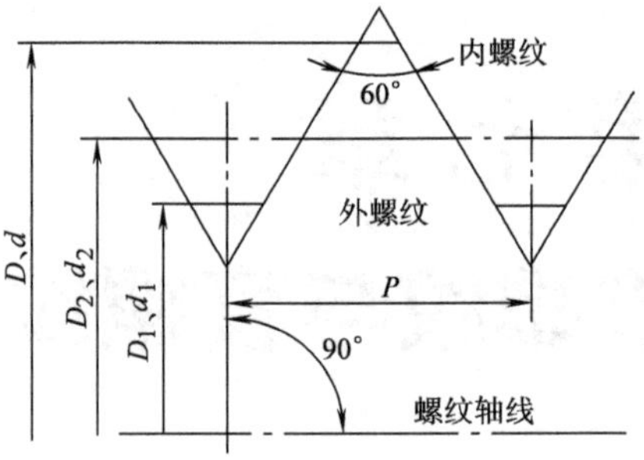

规定的削平高度削去原始三角形的顶部和底部所形成的内、外螺纹共有的理论牙型称为基本牙型，有三角形、矩形、梯形、锯齿形等牙型，普通螺纹的基本牙型如图7-1所示。

2. 大径

螺纹大径是指代表螺纹尺寸的直径，如外螺纹的牙顶直径和内螺纹的牙底直径。

3. 旋向

螺纹的旋向有左旋或右旋。逆时针方向旋转时旋入的为左旋，顺时针方向旋转时旋入的为右旋。

图 7-1　普通螺纹的基本牙型

4. 线数

线数是在同一圆柱面上切削螺纹的线数。只切削一条的称为单线螺纹；切削两条的称为双线螺纹。通常把切削两条以上的称为多线螺纹。

5. 螺距和导程

相邻两牙在中径线上对应两点间的轴向距离称为螺距。导程为同一条螺旋线上相邻两牙对应两点间的距离。单线螺纹螺距和导程相同；而多线螺纹螺距等于导程除以线数。

在螺纹的要素中，牙型、大径和螺距是决定螺纹最基本的要素，通常称为螺纹三要素。凡螺纹三要素符合标准的称为标准螺纹。螺纹的线数和旋向，如果没有特别注明，则为单线右旋螺纹。

三、普通螺纹的公称尺寸

普通螺纹的公称尺寸，按照 GB/T 14791—2013 规定，计算公式如下：

$$H = 0.866P$$
$$h = 0.5413P$$
$$D_2(d_2) = D - 0.6495P$$
$$D_1(d_1) = D - 1.0825P$$
$$r = 0.1443P$$

式中　H——牙型理论高度(mm)；

　　　P——螺距(mm)；

　　　D——大径(mm)；

$D_1(d_1)$——小径(mm)；

　　　h——工作高度(mm)；

$D_2(d_2)$——中径(mm)；

　　　r——圆角半径(mm)。

螺纹加工

第二节　攻　螺　纹

用丝锥在工件孔中切削出内螺纹的加工方法称为攻螺纹。

一、螺纹底孔直径的确定和加工

1. 三角螺纹底孔直径的确定

攻螺纹时，丝锥在切削金属的同时，还伴随较强的挤压作用。由于金属产生塑性变形形成凸起并挤向牙尖，使攻出螺纹的小径小于底孔直径。因此，攻螺纹前的底孔直径应稍大于螺纹的小径，否则攻螺纹时因挤压作用，使螺纹牙顶与丝锥牙底之间没有足够的容屑空间，将丝锥箍住，甚至折断丝锥。此种现象在攻塑性较大的材料时将更为严重。但是底孔不宜过大，否则会使螺纹牙型高度不够，降低强度。

底孔直径大小，要根据工件材料塑性大小及钻孔扩张量考虑，按经验公式计算得出：

（1）在加工钢和塑性较大的韧性材料及扩张量中等的条件下：

$$D_z = D - P$$

式中　　D_z——攻螺纹钻螺纹底孔用钻头直径（mm）；

　　　　D——螺纹大径（mm）；

　　　　P——螺距（mm）。

（2）在加工铸铁和塑性较小的脆性材料及扩张量较小的条件下：

$$D_z = D - (1.05 \sim 1.1)P$$

常用的粗牙、细牙普通螺纹攻螺纹钻底孔用钻头直径也可以从表7-2中查得。

表 7-2　攻普通螺纹钻底孔的钻头直径　　　　　　　（单位：mm）

螺纹大径 D	螺距 P	钻头直径 D_z		螺纹大径 D	螺距 P	钻头直径 D_z	
		铸铁、青铜、黄铜	钢、可锻铸铁、纯铜			铸铁、青铜、黄铜	钢、可锻铸铁、纯铜
2	0.4	1.6	1.6	12	1.75	10.1	10.2
	0.25	1.75	1.75		1.5	10.4	10.5
3	0.5	2.5	2.5		1.25	10.6	10.7
	0.35	2.65	2.65		1	10.9	11
4	0.7	3.3	3.3	14	2	11.8	12
	0.5	3.5	3.5		1.5	12.4	12.5
5	0.8	4.1	4.2		1	12.9	13
	0.5	4.5	4.5	16	2	13.8	14
6	1	4.9	5		1.5	14.4	14.5
	0.75	5.2	5.2		1	14.9	15
8	1.25	6.6	6.7	18	2.5	15.3	15.5
	1	6.6	7		2	15.8	16
	0.75	7.1	7.2		1.5	16.4	16.5
10	1.5	8.4	8.5		1	16.9	17
	1.25	8.6	8.7	20	2.5	17.3	17.5
	1	8.9	9		2	17.8	18
	0.75	9.1	9.2		1.5	18.4	18.5
					1	18.9	19

2. 螺纹底孔的加工要求

1）螺纹底孔直径公差应符合国家标准。

2）底孔的表面粗糙度值应小于 $Ra6.3\mu m$。

3）底孔的中心线应垂直于零件端面。

4）底孔孔口应倒角（45°），深度为（1~1.5）P。

5）攻不通螺纹底孔时，底孔深度要大于需要的螺纹深度。其深度可按下式确定：

$$h_z = h + 0.7D$$

式中　h——所需螺纹深度（mm）；

　　　D——螺纹大径（mm）。

例　在钢件和铸铁件上攻 M10 螺纹时的底孔直径各为多少？若攻不通孔螺纹，其螺纹有效深度为 60mm，求底孔深度。

解　查表 7-2，M10　$P = 1.5mm$。

钢件攻螺纹底孔直径：

$$D_z = D - P = (10 - 1.5)mm = 8.5mm$$

铸铁件攻螺纹底孔直径：

$$D_z = D - (1.05 \sim 1.1)P = [10 - (1.05 \sim 1.1) \times 1.5]mm$$

$$= [10 - (1.575 \sim 1.65)]mm = 8.425 \sim 8.35mm$$

取 $D_z = 8.4mm$（按钻头直径标准系列取一位小数）。

底孔深度：

$$h_z = h + 0.7D = (60 + 0.7 \times 10)mm = 67mm$$

二、丝锥的结构和种类

丝锥是加工内螺纹用的工具，常用高速工具钢、碳素工具钢或合金工具钢制成。

1. 丝锥的结构

丝锥的结构，如图 7-2 所示。丝锥由工作部分（包括切削部分和校准部分）和柄部组成。丝锥的几何参数有：

（1）切削锥角　丝锥切削锥角的大小，决定了丝锥每一个齿切削力的大小。为了减小每个齿的切削力，在攻通孔时，总是设法减小切削锥角，让更多的齿参加切削。切削锥角小，攻螺纹时自动导向和对中性能好，可提高攻螺纹质量。所以，机动攻通孔的丝锥，切削锥角都较小，但攻不通孔螺纹时，为了

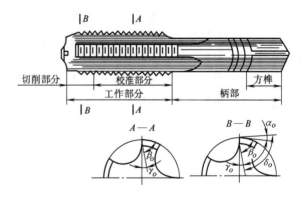

图 7-2　米制普通螺纹丝锥结构

保证有效螺纹长度，切削锥角一般不超过两扣螺纹的长度。切削锥角大小可参阅表 7-3 和表 7-4。

表 7-3　手用丝锥每组支数和切削锥角

一组丝锥的支数	锥别	适用范围	切削锥角 ϕ
1	单锥	$P \leqslant 2.5\text{mm}$（通孔）	$4°30'$（≈ 8 牙）
		$P \leqslant 2\text{mm}$（不通孔）	$11°30'$（≈ 3 牙）
2	1 锥	$P \leqslant 2.5\text{mm}$	$6°$（≈ 6 牙）
	2 锥		$17°$（≈ 2 牙）
3	1 锥	$P > 2.5\text{mm}$	$4°30'$（≈ 8 牙）
	2 锥		$7°$（≈ 5 牙）
	3 锥		$17°$（≈ 2 牙）

表 7-4　机用丝锥每组支数和切削锥角

一组丝锥的支数	锥别	适用范围	切削锥角 ϕ
1	单锥	$P \leqslant 2.5\text{mm}$（通孔）	$4°30'$（≈ 8 牙）
		$P \leqslant 2\text{mm}$（不通孔）	$11°30'$（≈ 3 牙）
2	1 锥	$P \leqslant 2.5\text{mm}$	$7°$（≈ 5 牙）
	2 锥		$17°$（≈ 2 牙）
3	1 锥	$P > 2.5\text{mm}$	$6°$（≈ 6 牙）
	2 锥		$8°30'$（≈ 4 牙）
	3 锥		$17°$（≈ 2 牙）

（2）丝锥前角（γ_o）　丝锥前角大小主要是根据加工材料性质决定。一般可根据表 7-5 所列数据选用。

表 7-5　丝锥的前角

被加工材料	铸青铜	铸铁	硬钢	黄铜	中碳钢	低碳钢	不锈钢	铝及铝合金
前角（γ_o）	$0°$	$5°$	$5°$	$10°$	$10°$	$15°$	$15° \sim 20°$	$20° \sim 30°$

（3）后角（α_o）　一般手用丝锥后角为 $4° \sim 8°$，机用丝锥后角为 $10° \sim 12°$。

（4）容屑槽　一般丝锥的容屑槽都是直槽，因为直槽制造和修理都方便，特别需要才采用螺旋槽。如攻削不通孔时，用右螺旋槽丝锥，可使切屑向上排出，避免刮伤螺纹表面。实际上，螺旋槽丝锥主要用于攻要求特别高或孔中带有槽、沟的螺纹孔。

为了改善直槽丝锥的切削性能，可将直槽丝锥的切削部分，修磨出负刃倾角 $\lambda_s = -5° \sim -15°$，不仅有利于切屑向下排出，而且可使丝锥前角增大，改善了切削部分的切削性能，但这种丝锥多用于攻通孔。

2. 丝锥的种类

丝锥按加工螺纹的种类不同分为普通三角形螺纹丝锥、55°非密封管螺纹丝锥和 55°密封管螺纹丝锥；按加工方法分为机用丝锥和手用丝锥。钳工常用的是手用和机用普通螺纹丝锥、55°非密封管螺纹丝锥、55°密封管螺纹丝锥。

（1）手用普通螺纹丝锥　手用普通螺纹丝锥分粗牙、细牙两种，可攻通孔或不通孔螺纹，公称直径 $1 \sim 27\text{mm}$，柄部呈圆柱形，末端有方榫，每组支数参阅表 7-3。实际上，工厂使用的普通螺纹丝锥，大多数为一支或两支一组，三支一组的已很少采用。

按照结构丝锥又可分为等径丝锥和不等径丝锥。成组等径丝锥，每支直径完全相等，仅仅是切削锥角不等，攻通孔时，用头锥一次即可加工好螺纹孔，二锥或三锥只作校正用。但攻不通孔时，用二锥或三锥可增加螺纹有效长度。等径三锥多用于小直径的螺纹孔加工，由于它是一次加工成形，因此，螺纹孔的精度和表面粗糙度都比较差。

不等径丝锥，头锥和二锥直径不等（包括大径、中径、小径），切削锥角也不等。不等径丝锥切削量分配较合理，两支一组的丝锥切削量分配为7.5：2.5。因此，攻螺纹时比较省力，但丝锥顺序不能搞错，最后必须用末锥攻削才能得到正确的螺纹直径。由于末锥切削量较小，故不等径丝锥可以加工出要求较高的螺纹孔。这种丝锥一般用于大直径的螺纹孔加工。但在航空工业产品中，许多小螺纹孔要求较高，也常采用不等径丝锥。

（2）机用普通螺纹丝锥　机用螺纹丝锥结构与手用螺纹丝锥基本相同，分粗牙和细牙两种。它用于攻削批量较大或直径较大的螺纹孔。攻通孔时，机用丝锥的切削锥角特别小，可改善切削性能。攻不通孔的丝锥，切削锥角与手用丝锥末锥基本相同。

3. 丝锥的选用

丝锥有机用丝锥和手用丝锥两种。机用丝锥是指高速钢磨牙丝锥，其螺纹公差带有H1、H2和H3三种。手用丝锥是指碳素工具钢的滚牙丝锥，螺纹公差带为H4。丝锥各种公差带所能加工的螺纹精度见表7-6。

表7-6　丝锥公差带适用范围

丝锥公差带代号	H1	H2	H3	H4
适用加工内螺纹公差带等级	5H、4H	6H、5H	7G、6H、6G	7H、6H

三、手动攻螺纹

在实际生产中，有些螺纹孔由于受到所在位置或零件形状的限制，无法采用机攻螺纹，或者小螺纹孔直径较小时，由于丝锥的强度较低，若采用机攻螺纹容易折断，因此需要采用手动攻螺纹。在机械加工中，手动攻螺纹仍占有一定的地位。

手动攻螺纹时的注意事项和操作方法：

1）工件的装夹要正。一般情况下，应将需要攻螺纹的一面，置于水平或垂直位置，以便判断丝锥是否垂直于工件。

2）丝锥应放正。攻螺纹时，用力要均匀并保持丝锥与螺纹孔端面垂直。其垂直程度可凭借眼力观察，必要时使用角尺检查。

3）正确选用切削液。特别在加工塑性材料时，要经常保持足够的切削液。常用的切削液见表7-7。

表7-7　攻螺纹用的切削液

工件材料及螺纹精度		切削液
钢	精度要求一般	全损耗系统用油 L－AN32、乳化油
	精度要求较高	菜油、二硫化钼、豆油
不锈钢		L－AN46 全损耗系统用油、黑色硫化油、豆油
灰铸铁	精度要求一般	不用
	精度要求较高	煤油

（续）

工件材料及螺纹精度	切削液
可锻铸铁	乳化油
黄铜、青铜	全损耗系统用油
纯铜	浓度较高的乳化油
铝及铝合金	全损耗系统用油加适当煤油或浓度较高的乳化油

4）扳动铰杠时，以每次旋转1/2圈为宜，每次旋进后应反转1/4或1/2行程，以折断切屑，便于排出，减少切削刃粘屑现象，保持锋利的刃口，而且可以使切削液顺利进入切削区，提高攻螺纹质量。

5）攻削时，如感到很费力，切不可强行转动，可用二锥与头锥交替进行攻螺纹。有时攻螺纹攻到中途，丝锥无法进退，这时应设法用小钢丝和压缩空气将切屑清除并加上润滑油，将铰杠降至孔口处将丝锥夹住，小心地退出丝锥。

6）用成组丝锥攻螺纹时，在头锥攻完后，先用手将二锥或三锥旋进螺纹，再使用铰杠操作，以防产生乱牙现象。

7）攻削不通孔的螺纹时，要经常把丝锥退出，清除切屑，以保证螺纹有效长度。

8）参照表7-8正确选用铰杠长度。在攻 M4 以下小螺纹时，最好用自制固定式短柄小铰杠，避免因切削力矩过大使丝锥折断。

表7-8 铰杠的使用范围

铰杠规格	150mm	230mm	280mm	380mm	480mm	600mm
适用丝锥范围	M5 ~ M8	M8 ~ M12	M12 ~ M14	M14 ~ M16	M16 ~ M22	M24 以上

9）丝锥用完后，要擦洗干净，涂上防锈油，隔开保管。

四、机动攻螺纹

除了对某些螺纹孔必须用手攻螺纹外，其余应积极使用机用丝锥，以保证攻螺纹质量和提高劳动生产率。机攻螺纹的注意事项和操作方法：

1）钻床和攻螺纹机主轴径向圆跳动，一般应在 0.05mm 范围内，如攻削 6H 级精度以上的螺纹孔时，跳动应不大于 0.03mm。装夹工件的夹具定位支承面与钻床主轴中心和攻螺纹机主轴的垂直度误差，应不大于 0.05mm/100mm。工件螺纹底孔与丝锥的同轴度误差不大于 0.05mm。

2）当丝锥即将进入螺纹底孔时，送刀要轻要慢，以防止丝锥与工件发生撞击。

3）螺纹孔深度超过 10mm，或攻不通的螺纹孔时，应采用攻螺纹安全夹头，安全夹头承受的切削力，要按照丝锥直径的大小进行调节。安全夹头如图 7-3 所示。

4）在丝锥的切削部分长度切削行程内，应在机床进刀手柄上施加均匀的压力，以协助丝锥进入工件，同时可避免靠开始几牙不完全螺纹向下拉主轴时，将螺纹刮坏。当校准部分开始进入工件时，上述压力即应解除，靠螺纹自然旋进，以免将牙型切"瘦"。

5）攻螺纹的切削速度主要根据加工材料、丝锥直径、螺距、螺纹孔的深度而定。当螺纹孔的深度在 10~20mm 内，工件为下列材料时，其切削速度大致如下：钢材 $v = 6 \sim 15\text{m}/\text{min}$；铸铁 $v = 8 \sim 10\text{m}/\text{min}$。在同样条件下，丝锥直径小，取大值；直径大，取小值；螺距大，取小值。

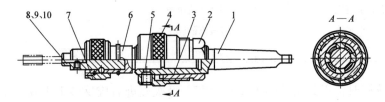

图 7-3　快换攻螺纹安全夹头

1—本体　2—螺套　3—摩擦块　4—螺母　5—螺钉　6—轴　7—滑套　8、9、10—可换夹头

6）攻螺纹时应有充足的切削液。

7）攻通螺纹孔时，丝锥校准都分不能全部攻出头，以避免在机床主轴反转退出丝锥时乱扣。

8）参考手攻螺纹的有关注意事项。

五、攻螺纹时常用的方法及工具

攻螺纹中，造成废品的主要原因是丝锥与底孔的轴线不重合。攻螺纹时，常用的方法有两种：

1）钻底孔与攻螺纹一次装夹完成。对于单件手攻螺纹时，应钻完底孔后，在钻床上用钻夹头夹一个 60° 的圆锥体，顶住丝锥柄部中心孔后先用铰杠攻几扣，保证垂直，然后再卸下零件，手攻螺纹。

机攻时，钻完底孔后，换机用丝锥直接攻螺纹。

2）采用校正丝锥垂直的工具。对于数量较多的零件攻螺纹，为了保证攻螺纹质量，提高效率，常采用校正丝锥垂直的工具。校正丝锥垂直的工具如图 7-4 所示。

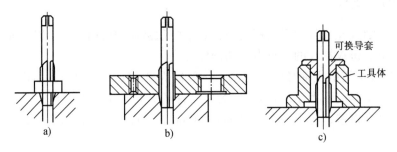

图 7-4　校正丝锥垂直的工具

a）利用光制螺母校正丝锥　b）板形多孔校正丝锥工具　c）可换导套多用校正丝锥工具

六、攻螺纹中丝锥折断的取出方法

在取出断丝锥前，应先把孔中的切屑和丝锥碎屑清除干净，以防轧在螺纹与丝锥之间而阻碍丝锥的退出。

1）用振动法取出尚露出于孔口或接近孔口的断丝锥。具体方法是用一冲子或弯尖錾子，抵在丝锥的容屑槽内，顺着螺纹圆周的切线方向，轻轻地正反方向反复敲打，一直到丝锥有了松动，就能顺利地取出断丝锥。

2）用弹簧钢丝插入断丝锥槽中，把断丝锥旋出。其方法是在带方榫的断丝锥上，旋上两个螺母，把弹簧钢丝塞进二段丝锥和螺母间的空槽内，然后用铰杠向退出方向扳动断丝锥的方榫，带动钢丝，便可把断丝锥旋出。

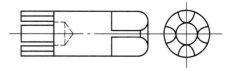

图 7-5　旋出断丝锥工具

3）使用专门工具旋出断丝锥。由钳工按丝锥的槽形及大小制造旋出断丝锥工具，如图 7-5 所示。

4）用气焊在断丝锥上焊上一个六角头螺栓，然后按退出方向扳动螺栓，把断丝锥旋出。

5）将断丝锥用气焊退火，然后用钻头把断丝锥钻掉。

6）用腐蚀法取出断在不锈钢零件中的断丝锥。由于不锈钢零件耐硝酸腐蚀，而由高速工具钢制成的丝锥在硝酸溶液中却能很快地受到腐蚀，而便于取出。

7）用电脉冲加工机床，将断丝锥电蚀掉，或用线切割机床将断丝锥切碎。

七、攻螺纹时常见缺陷分析

攻螺纹中常见的缺陷有丝锥损坏和零件报废等，其产生的原因见表 7-9。

表 7-9　攻螺纹时常见缺陷分析

常见缺陷	产 生 原 因	常见缺陷	产 生 原 因
丝锥崩刃、折断或过快磨损	1. 螺纹底孔直径偏小或底孔深度不够 2. 丝锥刃磨参数不合适 3. 切削速度过高 4. 零件材料过硬或硬度不均匀 5. 丝锥与底孔端面不垂直 6. 手攻螺纹时，用力过猛，铰杠掌握不稳 7. 手攻螺纹时，未经常逆转铰杠断屑，切屑堵塞 8. 切削液选择不合理	螺纹中径超差	1. 螺纹底孔直径加工过大 2. 丝锥精度等级选择不当 3. 切削速度选择不当 4. 手攻螺纹时铰杠晃动或机攻螺纹时丝锥晃动
螺纹乱牙	1. 螺纹底孔直径小或孔口未倒角 2. 丝锥磨钝或切削刃上粘有积屑瘤 3. 未用合适的切削液 4. 手攻螺纹切入或退出时铰杠晃动 5. 手攻螺纹时，未经常逆转铰杠断屑 6. 机攻螺纹时，校准部分攻出底孔口，退丝锥时造成乱牙 7. 用一锥攻歪螺纹，而用二、三锥攻削时强行校正 8. 攻不通孔时，丝锥顶住孔底而强行攻削	螺纹表面粗糙、有波纹	1. 丝锥的前、后刃面粗糙 2. 零件材料太软 3. 切削液选择不当 4. 切削速度过高 5. 手攻螺纹退丝锥时铰杠晃动 6. 手攻螺纹未经常逆转铰杠断屑

第三节 套 螺 纹

套螺纹是用板牙切出外螺纹的操作。

一、套螺纹工具

套螺纹工具有板牙和板牙架。

1. 板牙

板牙是加工外螺纹的工具,它用合金工具钢或高速工具钢制作并经淬火处理。板牙就像一个圆螺母,只是在它上面有几个排屑孔并形成切削刃。图7-6所示为板牙的构造,它由切削部分、校准部分和排屑孔组成。

切削部分是板牙两端有切削锥角（2ϕ）的部分。它不是一个圆锥面（若是圆锥面,则后角 $\alpha_o = 0°$）,而是经过铲磨而成的阿基米德螺旋面,能形成后角 $\alpha_o = 7° \sim 9°$。

板牙的前刃面为曲线形,因此,前角的大小沿着切削刃而变化,如图7-7所示。小径处前角 γ_d 最大,大径处 γ_{do} 最小,一般 $\gamma_{do} = 8° \sim 12°$,粗牙 $\gamma_d = 30° \sim 35°$,细牙 $\gamma_d = 25° \sim 30°$。

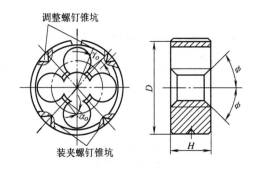

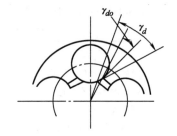

图7-6 板牙　　　　　　　　　　　　图7-7 板牙的前角变化

锥角的大小,一般是 $\phi = 20° \sim 25°$。

板牙的中间一段是校准部分,也是套螺纹时的导向部分。

板牙的校准部分因磨损会使螺纹尺寸变大而超出公差范围。因此,为延长板牙的使用寿命,M3.5以上的板牙,其外圆上有一条V形槽（图7-6）,起调节板牙尺寸的作用。当尺寸变大时,将板牙沿V形槽用锯片砂轮切割一条通槽,用板牙架上（图7-8）的两个螺钉顶入板牙上面的两个偏心的锥孔坑内,使板牙尺寸缩小,其调节范围为0.1～0.5mm。上面两个坑之所以要偏心,是为了使紧定螺钉拧紧时与锥坑单边接触,使板牙尺寸缩小。若在V形槽开口处旋入螺钉能使板牙尺寸增大。板牙下部两个通过中心的螺纹孔,是用紧定螺钉固定板牙并传递转矩的。

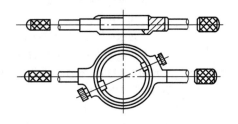

图7-8 板牙架

板牙两端都有切削部分，一端磨损后，可换另一端使用。

2. 板牙架

板牙架是装夹板牙的工具，如图7-8所示。板牙放入后，用螺钉紧固。

二、套螺纹的操作方法

1. 套螺纹前圆杆直径的确定

用板牙在工件上套螺纹时，与攻螺纹一样，材料同样因受挤压而变形，牙顶将被挤高一些。所以圆杆直径应稍小于螺纹大径尺寸，其尺寸可按下列公式计算：

$$D = d - 0.13P$$

式中　D——圆杆直径（mm）；

　　　d——螺纹大径（mm）；

　　　P——螺距（mm）。

圆杆直径也可由表7-10查得。

表7-10　板牙套螺纹时圆杆的直径　　　　　　　　　　（单位：mm）

粗牙普通螺纹				寸制螺纹		
螺纹直径	螺距	螺杆直径		螺纹直径/in	螺杆直径	
		最小直径	最大直径		最小直径	最大直径
M6	1	5.8	5.9	1/4	5.9	6
M8	1.25	7.8	7.9	5/16	7.4	7.6
M10	1.5	9.75	9.85	3/8	9	9.2
M12	1.75	11.75	11.9	1/2	12	12.2
M14	2	13.7	13.85	5/8	15.2	15.4
M16	2	15.7	15.85	3/4	18.3	18.5
M18	2.5	17.7	17.85	7/8	21.4	21.6
M20	2.5	19.7	19.85	1	24.5	24.8
M22	2.5	21.7	21.85	$1\frac{1}{4}$	30.7	31
M24	3	23.65	23.8	$1\frac{1}{2}$	37	37.3

2. 套螺纹的操作要点

1）为了使板牙容易对准工件和切入材料，圆杆端部应倒成15°~20°的倒角，如图7-9所示，锥体的最小直径比螺纹小径小。

2）套螺纹时，应保持板牙的端面与圆杆轴线垂直。

3）套螺纹时切削力矩很大，圆杆用铜、铝V形块或厚铜板作衬垫，才能可靠地夹紧，如图7-10所示。圆杆套螺纹部分离钳口也应尽量近些。

图7-9　套螺纹时圆杆的倒角

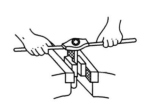

图7-10　夹紧圆杆的方法

4）开始套螺纹时为了使板牙切入工件，要在转动板牙的同时施加轴向压力，转动要慢，压力要大。待板牙已旋入切出螺纹时，就不要再加压力，以免损坏螺纹和板牙。

5）套螺纹过程中，要不断地逆转板牙架断屑，避免烂牙。

6）在钢料上套螺纹要加切削液，以减小螺纹的表面粗糙度值和延长板牙使用寿命。一般加乳化液或全损耗系统用油，要求较高时用菜油或二硫化钼。

三、套螺纹常见缺陷分析

套螺纹时常见缺陷形式和产生原因见表7-11。

表7-11 套螺纹常见缺陷形式和产生原因

常见缺陷	产 生 原 因	常见缺陷	产 生 原 因
板牙崩齿、破裂和磨损过快	1. 圆杆直径偏大或端部未倒角 2. 圆杆硬度太高或硬度不均匀 3. 板牙已磨损仍继续使用 4. 套螺纹时板牙架未经常逆转断屑 5. 套螺纹过程中未使用切削液 6. 套螺纹时，转动板牙架用力过猛	螺纹歪斜	1. 板牙端面与圆杆轴线不垂直 2. 套螺纹时，用力不均，板牙架左右摆动
		螺纹中径小	1. 板牙切入后仍施加压力 2. 圆杆直径太小 3. 板牙端面与圆杆轴线不垂直，多次校正引起
螺纹表面粗糙	1. 板牙磨损或刀齿有积屑瘤 2. 切削液选择不合适 3. 套螺纹时板牙架转动不平稳，左右摆动 4. 套螺纹时，板牙架转动太快，未逆转断屑	乱牙	1. 圆杆直径太大 2. 板牙磨钝，有积屑瘤 3. 未选用合适的切削液，套螺纹速度过快 4. 强行校正已套歪的板牙或未逆转断屑

本 章 小 结

本章介绍了攻螺纹和套螺纹的有关知识，通过学习和实际训练，学生应了解常用螺纹的基本理论，掌握普通螺纹加工的基本计算，学会手动攻螺纹和套螺纹的方法。

思 考 题

1. 试述丝锥各组成部分名称、结构特点及其作用。

2. 用计算法确定下列螺纹攻螺纹前钻底孔的钻头直径：

1）在钢料上攻 M18 的螺纹。

2）在铸铁上攻 M18 的螺纹。

3）在钢料上攻 M12×1 的螺纹。

4）在铸铁上攻 M12×1 的螺纹。

3. 试述圆板牙的结构特点和作用。

4. 在 HT200 铸铁件上钻孔、攻螺纹 6×M12，深度为 25mm。

5. 在材料为 45 钢，硬度为 32~36HRC 的工件上钻孔、攻螺纹 4×M12 – 6H。

6. 分析攻螺纹时产生废品的原因。

7. 分析攻螺纹时丝锥损坏的原因。

8. 分析套螺纹时产生废品的原因。

第 八 章

铆 接

学习目标

1. 了解铆接的基本形式和种类、铆接缺陷的产生原因及处理措施。
2. 掌握铆钉直径、长度及通孔直径的确定。
3. 重点掌握铆接工艺及应用。

第一节 铆 接 概 念

铆接是用铆钉把两个或两个以上的零件连成整体的一种连接方法。

随着科学技术的发展,铆接已逐步为焊接所代替。但由于铆接工艺简单,连接可靠,抗振并耐冲击,塑性与韧性优于焊接,并适用于异种金属的连接,因此,铆接仍被广泛应用于汽车、桥梁、石油化工设备、压力容器、管道及核工业设备的制造。

一、铆接的基本形式

铆接的形式很多,按连接板的相对位置不同,铆接可分为搭接、对接和角接。

1. 搭接

搭接是将板件边缘重叠后用铆钉连接在一起,如图8-1所示。

搭接又分为平板搭接和窝板搭接两种形式,如图8-2所示。在钣金作业中多采用平板搭接形式。在要求制件外表面平整时可采用窝板搭接。

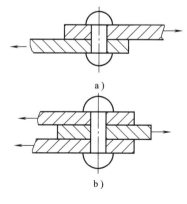

图 8-1　搭接

a) 单剪切铆接法　b) 双剪切铆接法

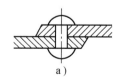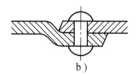

图 8-2　搭接形式

a) 平板搭接　b) 窝板搭接

2. 对接

对接是将连接板置于同一平面上，利用盖板把板件铆接在一起。分为单盖板对接和双盖板对接两种，如图8-3所示。

3. 角接

角接是将互相垂直或组成一定角度的板件连接在一起，如图8-4所示。

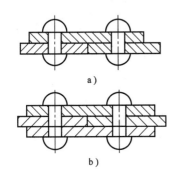

图 8-3　对接形式

a）单盖板对接　b）双盖板对接

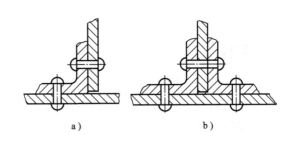

图 8-4　角接形式

a）单角角接　b）双角角接

二、铆接的种类

按铆接件工作要求及应用不同可分为强固铆接、紧密铆接和密固铆接。

1. 强固铆接

这种铆接方式铆件上铆钉受力大，须有足够的连接强度，接缝的严密与否无特殊要求。如车辆、桥梁、立柱、框架、横梁等。

2. 紧密铆接

这种铆接方式铆件上铆钉受力较小且均匀，但各条接缝要绝对紧密结合（以防漏水漏气）。如常压容器、水箱、储罐、气箱等。目前，这种铆接极为少见，已被焊接代替。

3. 密固铆接

这种铆接方式铆件上的铆钉既要承受强大的压力，又要求接缝绝对紧密。在一定压力作用下，液体及气体均不能泄漏。如锅炉、压力容器、压力管路等。目前，这种铆接几乎被焊接代替。

第二节　铆接工艺及应用

铆接按其性质可分为冷铆、拉铆和热铆。

一、冷铆

铆钉在常温下铆合称为冷铆。冷铆前，铆钉须退火处理，目的是提高铆钉塑性，消除硬化。冷铆操作简便迅速，钉杆被镦粗而添满钉孔，可参与传力。实质上它是一种锁紧连接。一般规定：手工冷铆，铆钉直径小于8mm；铆钉枪冷铆，铆钉直径小于13mm；铆接机冷铆，铆钉直径小于25mm。

手工冷铆时，首先将铆钉穿入被铆件的钉孔中，然后用顶模顶住球形头部，将板料压紧，用手锤镦粗钉杆使其形成钉头，最后将窝头绕铆钉轴线倾斜转动直至得到理想的铆钉头。锤击次数不宜过多，否则，材质会出现冷作硬化现象而使钉头产生裂纹。手工冷铆铆钉如图8-5所示。

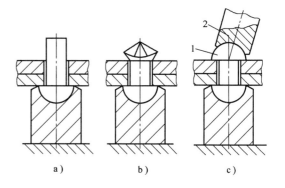

二、拉铆

拉铆必须采用特制抽芯铆钉（材料有铝、钢、不锈钢）。拉铆操作简便迅速，由于抽芯铆钉承受载荷小，仅适用于轻载铆件的连接。

图 8-5　手工冷铆铆钉

a）顶模顶住铆钉头　b）将铆钉杆镦粗

c）用窝子使镦头成形

1—镦头　2—窝子

三、热铆

热铆是将铆钉加热后的铆接。铆钉加热后，硬度降低，塑性加大。因此，铆钉头形成容易，所须的外力与冷铆相比要小得多。冷却时，铆钉在长度方向的冷缩受到钢板的限制使钉杆产生很大的拉应力，因而将钢板拉紧，使连接件十分紧密，造成很大的摩擦力，从而产生足够的连接强度。所以，热铆是一种力锁紧连接。

热铆时，铆钉温度不应低于450℃，以免发生蓝脆现象。铆钉的加热温度取决于铆钉的材质和施铆方式。用铆钉枪铆接时，铆钉须加热到 1000 ~ 1100℃，呈亮红色后才能铆接。用铆钉机铆接时，铆钉的加热温度为 650 ~ 670℃。

热铆的基本操作：热铆时，一般由四人组成一组，分别做铆钉加热、穿钉、顶钉和锤接四个工序的操作，且要求相互配合，共同完成铆接任务。

1. 铆接件的紧固及钉孔修整

把制钉孔的铆接件各层板之间的钉孔对齐，用螺栓每隔 2 ~ 3 个钉孔拧紧，螺栓分布要均匀，数量不得少于钉孔数的四分之一。在装配过程中，由于加工误差导致部分孔不同轴，铆接前须用铰刀修整钉孔，以便顺利穿钉。铰孔速度应由慢至快，待全部铰完后再根据先紧后拆的原则，将已铰好的钉孔有选择地用螺栓拧紧，然后再将已先装上的螺栓拆下进行铰孔。钉孔应一次铰好，以免待铆件之间发生移动。

铰刀应依据孔径合理选用，一般铰刀应装夹在风钻或电钻上。铰孔时应逐渐把铰刀垂直插入钉孔内进行铰孔，以防铰刀偏斜而将钉孔铰偏或损坏铰刀。

2. 铆钉的加热

加热炉的位置应尽量接近铆接现场。焦炭粒度要均匀且不宜过大，铆钉在炉内要排列均匀。当铆钉烧至橙黄色时（约900 ~ 1100℃），改为缓火焖烧，温度控制在1000℃左右。铆钉内外应均匀受热，按需要顺序出炉铆接。绝不能用过热或加热不足温度的铆钉，以免影响铆接质量。

3. 穿钉

操作者应能灵活使用接钉筒接住铆钉。接钉后，快速用穿钉钳夹住靠铆钉头的一端，并在硬物上敲掉铆钉上的氧化皮后将铆钉穿入钉孔内。

4. 顶钉

顶钉是将铆钉穿入钉孔后用顶把顶住铆钉头的操作。它是铆接工作中很重要的一个环节，因此需迅速用顶把顶住铆钉头，使四周接触均匀。顶把与钉头中心线成一条直线，开始时要用力顶住，使顶头与构件表面密合，待钉杆镦粗胀紧钉孔不能退出时再减少钉杆的力量，并利用钉把的振动反复撞击顶头，使铆钉铆接得更加严密。

5. 铆接

使用铆钉枪铆接时，上罩模必须对准铆钉杆中心垂直地打击，再把铆钉枪略呈倾斜并绕镦头的轴线旋转，使得铆钉头圆周与连接件表面紧密贴合。应该注意，铆钉枪不宜过分倾斜，以免窝头磕伤被铆件的表面。

四、铆接的应用

随着科学技术的发展，铆接已逐渐被焊接技术取代，但在汽车、桥梁、建筑等行业仍起着十分重要的作用。在现代化工业国家中，铆接还广泛应用于航天、石油化工设备、压力容器、电站设备、起重机械、运输、船舶、管道和核工业设备的制造等领域，在非铁金属结构中（铝结构）的作用也越来越大。尤其是在日常生活用品、装饰品及科研部门的应用，有的代替了钢结构和木制结构。如商店的柜台、门窗等。铆接结构精美大方，经久耐用，轻便灵活。

随着工业生产和现代科学技术的发展，铆工已由笨重的手工操作逐渐向机械化和自动化发展。如爆炸成形、自动剪板机、大型辊板机和压力机、磁力吊具、无声铆接、电能加热铆钉等新技术、新工艺、新设备，已在铆工作业中得到广泛应用。

第三节　铆接参数的确定

一、铆钉直径的确定

铆接时，铆钉直径的大小和铆钉直径之间的距离，都是根据结构件受力情况和需要的强度确定的。

一般情况下板件厚度与铆钉直径的关系，见表8-1。

表8-1　铆钉直径与板料厚度的一般关系

板料厚度/mm	5~6	7~9	9.5~12.5	13~18	19~24	25以上
铆钉直径/mm	10~12	14~18	20~22	24~27	27~30	30~36

铆钉直径的大小，主要由构件的厚度来确定，而构件的厚度又取决于以下三条原则：

1）板料与板料搭接时，如厚度接近，可按较厚钢板的厚度计算。

2）厚度相差较大的板料铆接时，以两者的平均厚度确定。

3）被铆件的总厚度不应超过铆钉直径的5倍。

铆钉直径可按下列经验公式计算：

$$d = \sqrt{50t} - 4$$

式中　d——铆钉直径（mm）；

　　　t——板料厚度（mm）。

二、铆钉长度的确定

铆接质量的好坏与铆钉的长度有很大关系。顶杆过长，铆钉的镦头就过大，钉杆也易弯曲；钉杆过短，则镦粗量不够，钉杆头成形不完整，易出现缺陷。这些现象都会降低铆接件的强度和紧密性。

铆钉长度的确定与铆钉直径、被铆件厚度、铆钉头的形状和钉孔间隙等因素有关。常用的几种铆钉长度选择计算公式如下：

1）半圆头铆钉　　　　$L = 1.65d + 1.1t$

2）半沉头铆钉　　　　$L = 1.1d + 1.1t$

3）沉头铆钉　　　　　$L = 0.8d + 1.1t$

式中　L——铆钉杆长度（mm）；

　　　t——被铆件总厚度（mm）；

　　　d——铆钉直径（mm）。

上述钉杆长度的计算都是近似值，对批量较大的铆接件应进行试铆，尤其是对于铆钉孔不符合标准或固密铆接的铆钉，须适当增加钉杆的长度，经修正后再进行铆接。

三、铆钉通孔直径的确定

铆钉通孔直径与铆钉的配合与铆接方式有直接关系。

冷铆时，钉杆不宜镦粗，为保证连接具有足够的强度，钉孔直径与铆钉直径必须接近。如板料与角钢等铆接时，孔径须加大2%。

热铆时，铆钉受热直径增大，钉杆易于镦粗，因此钉孔直径应稍大于钉杆，有利于穿钉操作。钉孔直径的标准尺寸见表8-2。

表8-2　钉孔直径

铆钉直径 d/mm		2	2.5	3	3.5	4	5	6	8	10	12	14	16
铆钉孔直径 d_0/mm	精装配	2.1	2.6	3.1	3.6	4.1	5.2	6.2	8.2	10.3	12.4	14.5	16.5
	粗装配	2.2	2.7	3.4	3.9	4.5	5.6	6.5	8.6	11	13	15	17

第四节　铆接质量分析与处理

一、铆接缺陷

铆接缺陷是由于在铆接时操作不当或其他原因造成的，将直接影响构件的连接强度。因此，在铆接时应避免产生各种缺陷，一经发现应及时处理。铆接缺陷及处理方法见表8-3。

二、铆接质量检查

对铆成的铆钉须严格检查，检查方法有目测、耳听、样板和粉线等，也可用小锤敲打。

表 8-3　铆接缺陷的产生原因及预防和处理措施

序号	缺陷名称	断面图	产生原因	预防方法	处理措施
1	铆钉偏移		铆钉枪与板面不垂直	起铆时，铆钉与钉杆应在同一轴线上	偏心≥0.1d更换铆钉
2	钉杆歪斜		钉孔歪斜	钻孔时应与板面垂直	更换铆钉
3	板件结合面有间隙		1. 装配螺栓未紧固 2. 板面不平	1. 拧紧螺栓 2. 装配前板面应平整	更换铆钉
4	铆钉镦头磕伤板料		1. 铆钉枪位置偏斜 2. 钉杆长度不足	1. 铆钉枪应与板面垂直 2. 正确计算钉杆长度	更换铆钉
5	铆钉杆弯曲		钉杆与孔的间隙过大	选用适当的直径的铆钉与钉孔	更换铆钉
6	铆镦头成形不足		1. 钉杆较短 2. 孔径过大	1. 加长钉杆 2. 选用适当直径的孔径	更换铆钉
7	铆镦头有过大的帽级		1. 钉杆太长 2. 罩模直径太小	1. 正确选用钉杆长度 2. 更换罩模	更换铆钉

用目测法主要检查铆钉表面的缺陷，钉镦头过大或过小，裂纹和表面磕伤等。

用小锤轻轻敲打铆钉头，凭声音或手感确定铆钉铆接的紧密程度是否合格；并用样板粉线作外观尺寸的检查。若不合格，用小锤的尖头在铆钉头的中央敲一个凹印，表示须拆除重新铆接。

在拆除时，可用风凿或气割等方法切除钉头，或将半圆头铆钉用角磨机磨平，然后将钉杆冲出。在拆除铆钉过程中，必须注意不要损伤被铆接件表面及内孔。

本 章 小 结

本章介绍了铆接的基本概念，重点介绍了铆接工艺及应用、铆钉直径、长度及通孔直径的确定，通过学习和实际训练，学生可以正确选择铆接形式和铆接种类。

思 考 题

1. 什么是密固铆接？强固铆接？紧密铆接？它们的主要区别是什么？

2. 铆接的基本形式有哪几种？

第九章
刮　削

 学习目标

1. 了解刮削基本概念、刮削精度的检查方法和刮削面缺陷产生的原因。
2. 掌握刮削工具的选择和操作方法。
3. 重点掌握平面刮削方法、曲面刮削方法。

第一节　刮　削　概　述

用刮刀刮去工件表面金属薄层的加工方法称为刮削。刮削分平面刮削和曲面刮削两种。

一、刮削的特点及作用

刮削具有切削量小、切削力小、切削热少和切削变形小的特点，所以能获得很高的尺寸精度、形状精度、接触精度和很小的表面粗糙度值。刮削时，工件受到刮刀的推挤和压光作用，使工件表面组织变得比原来紧密，表面粗糙度值很小。

刮削一般经过粗刮、细刮、精刮和刮花过程。刮削后的工件表面，形成比较均匀的微小凹坑，创造了良好的存油条件，有利于润滑。因此，机床导轨、滑板、尾座、滑动轴承、工具、量具等的接触表面常用刮削的方法进行加工。

刮削虽然有很多优点，但工人的劳动强度大，生产效率低。随着导轨磨床的诞生，较大型企业在制造、修理过程中，对机床导轨、滑板、尾座等配合表面，大都采用了以磨代刮的新工艺。这项新技术不仅能保证产品质量，减轻工人劳动强度，而且能大大提高生产效率。

二、刮削原理

刮削是在工件或校准工具（或与其相配合的工件）上涂一层显示剂，经过推研，使工件上较高的部位显示出来，然后用刮刀刮去较高部分的金属层；经过反复推研、刮削，使工件达到要求的尺寸精度、形状精度及表面粗糙度，所以刮削又称刮研。

三、刮削余量

由于刮削每次只能刮去很薄的一层金属，刮削操作的劳动强度又很大，所以要求工件在机械加工后留下的刮削余量不宜太大，一般为 0.05~0.4mm，具体数值见表 9-1。

在确定刮削余量时，还应考虑工件刮削面积的大小。面积大时余量大，刮削前加工误差大时余量大，工件结构刚性差时余量也应大些。具有合适的余量，才能经过反复刮削达到尺

寸精度及形状和位置精度的要求。

表 9-1　刮削余量　　　　　　　　　　　　　　（单位：mm）

平面的刮削余量				
平面宽度	100 ~ 500	>500 ~ 1000	>1000 ~ 2000	>2000 ~ 4000	>4000 ~ 6000
	0.10	0.15	0.20	0.25	0.30
	0.15	0.20	0.25	0.30	0.40

孔的刮削余量			
孔　　径	孔　　长		
	100 以下	>100 ~ 200	>200 ~ 300
80 以下	0.05	0.08	0.12
>80 ~ 180	0.10	0.15	0.25
>180 ~ 360	0.15	0.20	0.35

第二节　显示剂和刮削精度的检查

一、显示剂

为了了解刮削前工件误差的大小和位置，就必须用标准工具或与其相配合的工件，合在一起对研。在其中间涂上一层有颜色的涂料，经过对研，凸起处就被着色，根据着色的部位，用刮刀刮去。所用的这种涂料，称为显示剂。用显示剂校验的方法称为显示法，工厂中常称为磨点子，也称为研点。图 9-1 所示为平面与曲面显示法。显示剂应该色泽鲜明，颗粒细，易于松散，对研时无涩腻感觉，对对研工件的表面，不起磨损和腐蚀作用，对操作者健康无害。

a)　　　　　　　　　　　　　　　　　　b)

图 9-1　平面和曲面的显示法
a）平面显示法　b）曲面显示法

1. 显示剂的种类

红丹粉：分铁丹和铅丹两种。铁丹（氧化铁，呈红褐色）和铅丹（氧化铅，呈橘黄色）颗粒较细，使用时，用全损耗系统用油和牛油调合而成。红丹粉广泛用于铸铁和钢的工件上，因为它没有反光，显点清晰，其价格又较低廉，故为最常用的一种。

普鲁士蓝油：用普鲁士蓝粉和蓖麻油及适量全损耗系统用油调合而成。蓝油呈深蓝色，研点小而清楚，故用于精密工件、非铁金属、铜合金、铝合金的工件上。

2. 显示剂的使用方法

显示剂使用是否正确与刮削质量有很大关系。在调和各种显示剂时，稀干必须适当。粗刮时，可调得稀些，在刀痕较多的工件表面上，既便于涂布，显示出的研点也大，因此，每次刮去的面积也较大。精刮时，应调得干些，因工件表面的凹凸现象已大有改善，在涂布时，应该薄而均匀，显示出的研点细小，否则，研点会模糊成团。最后，在接近符合要求时，要求涂得更薄，这时，可以不再加显示剂，只要用纱布或毛毡在上一次涂过显示剂的面上再抹一下，使其均匀就够了。

刮削时，红丹粉可以涂在工件表面上，也可以涂在标准面上。涂在工件表面上所显示出的研点，是红底黑点，没有闪光，看得比较清楚。涂在标准面上，工件表面只在高处着色，研点比较暗淡，但切屑不易粘附在刀口上，刮削比较方便，且可减少涂布次数。两种涂布方法，各有利弊。当工件表面研点逐渐增多到进行细刮或精刮阶段时，研点要求清晰醒目，此时，红丹粉涂在工件表面上，对刮削较为有利。

在使用显示剂时，必须注意保持清洁，不能混进砂粒、铁屑和其他污物，以免划伤工件表面。盛装显示剂的容器，必须有盖，避免铁屑、污物落入和防止凝固。涂布显示剂用的纱头，必须用纱布包裹。其他涂布用物，都必须保持干净，以免影响显示效果。

二、刮削精度的检查

刮削工作分平面刮削和曲面刮削两种。平面刮削中，有单个平面的刮削，如平板、直尺、工作台面等；组合平面的刮削，如V形导轨面、燕尾槽面等。曲面刮削中，有圆柱面、圆锥面的刮削，如滑动轴承的圆孔、锥孔、圆柱导轨等；球面刮削，如配合球面等；成形面刮削，如齿条、蜗轮的齿面等。对刮削面的质量要求，一般包括形状和位置精度、尺寸精度、接触精度及贴合程度、表面粗糙度等。由于工件的工作要求不同，刮削精度的检查方法也有所不同。常用的检查方法有以下两种。

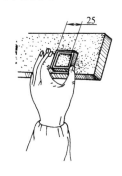

图9-2　用方框
检查研点

1. 以贴合点的数目来表示

用边长为25mm的正方形方框罩在被检查面上，以在方框内的研点数目来表示，如图9-2所示。各种平面接触精度的研点数见表9-2。

曲面刮削中，接触得比较多的是对滑动轴承的内孔刮削。不同接触精度的研点数见表9-3。

表9-2　各种平面接触精度研点数

平面种类	每25mm×25mm内的研点数	应　　　用
一般平面	2～5	较粗糙机件的固定结合面
	>5～8	一般结合面
	>8～12	机器台面
	>12～16	机床导轨及导向面、工具基准面、量具接触面

（续）

平面种类	每25mm×25mm 内的研点数	应　　用
精密平面	>16～20	精密机床导轨、直尺
	>20～25	1 级平板、精密量具
超精密平面	>25	0 级平板、高精密度机床导轨、精密量具

表 9-3　滑动轴承的研点数

轴承直径/ mm	机床或精密机械主轴轴承		锻压设备和通用机械的轴承		动力机械和冶金设备的轴承	
	高精度	精　密	普　通	重　要	普　通	重　要
	每 25mm×25mm 内的研点数					
≤120	25	20	16	12	8	5
>120		16	10	8	6	2

2. 用允许的平面度和直线度表示

工件平面大范围内的平面度，以及机床导轨面的直线度等，是用方框水平仪进行检查，如图 9-3a、b 所示。其接触精度，应符合规定的技术要求。

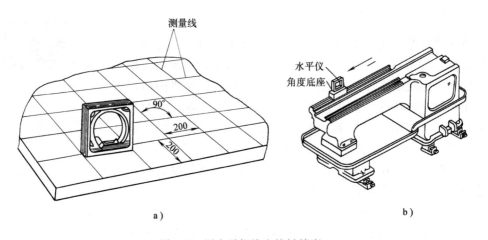

a)　　　　　　　　　　　　　　b)

图 9-3　用水平仪检查接触精度
a) 检查平面度　b) 检查直线度

有些工件，除了单位面积内的贴合点数目应符合要求外，有时还要用一定厚度的塞尺检查配合面之间的隙缝大小。对于承受压力的气缸、阀体等，还需进行气压或液压试验。

第三节　刮削工具

一、校准工具

校准工具是用来磨研点和检验刮削面准确性的工具，有时也称为研具。常用的校准工具有以下几种。

1. 标准平板

用来校验较宽的平面。标准平板的面积尺寸有多种规格，选用时，它的面积应大于刮削面的3/4。其结构和形状如图9-4所示。

2. 校准平尺

用来校验狭长的平面，其形状如图9-5所示。图9-5a是桥形平尺，用来校验机床较大导轨的直线度。图9-5b是I字形平尺，它有单面和双面两种。双面的即两面都经过精刮并且互相平行。这种双面的I字形平尺，常用来校验狭长平面相对位置的准确性。桥形和I字形两种平尺，可根据狭长平面的大小和长短，适当采用。

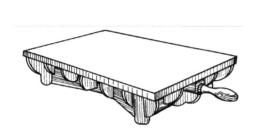

图9-4 标准平板的结构和形状

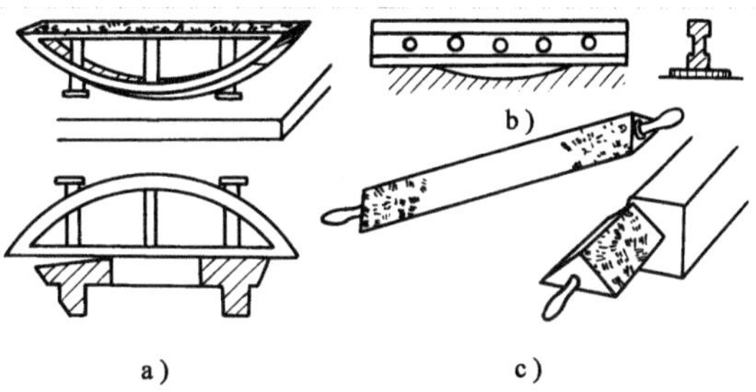

图9-5 校准平尺和角度平尺

a) 桥形平尺 b) I字形平尺 c) 角度平尺

3. 角度平尺

用来校验两个刮面成角度的组合平面，如燕尾导轨的角度。其形状如图9-5c所示。交角的两面经过精刮并成所需的标准角度，如55°、60°等。第三面只是作为放置时的支承面用，所以没有经过精密加工。

各种平尺不用时，应将其垂直吊起。不便吊起的平尺，应安放平稳，以防止变形。

检验曲面刮削的质量，多数是用与其相配合的轴作为校准工具。对于齿条和蜗轮的齿面，则用与其相啮合的齿轮和蜗杆作为校准工具。

二、刮刀

刮刀是刮削工作中的主要工具，要求刀头部分具有足够的硬度，刃口必须锋利。刮刀一般采用T12A或弹性较好的GCr15滚动轴承钢制成，并经热处理淬火。当刮削硬度较高的工件时，也可以用高速钢刀头或硬质合金刀头。

刮刀有平面刮刀和曲面刮刀两大类。

（1）平面刮刀 如图9-6所示，主要用来刮削平面，如平板、工作台等，也可用来刮削外曲面。按所刮表面精度要求不同，可分为粗刮刀、细刮刀和精刮刀三种。

刮刀的长短宽窄的选择，由于人体手臂长短的不同，并无严格规定，以使用适当为宜。表9-4为平面刮刀的尺寸，可供参考。

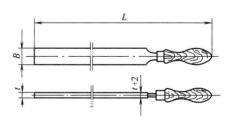

图9-6 平面刮刀

表9-4 平面刮刀规格 （单位：mm）

种类 \ 尺寸	全 长 L	宽 度 B	厚 度 t
粗刮刀	450~600	25~30	3~4
细刮刀	400~500	15~20	2~3
精刮刀	400~500	10~12	1.5~2

（2）曲面刮刀 主要用来刮削内曲面，如滑动轴承内孔等。曲面刮刀有多种形状，如三角刮刀、匙形刮刀、蛇头刮刀和圆头刮刀等。这里主要介绍三角刮刀和蛇头刮刀两种，其形状如图9-7所示。

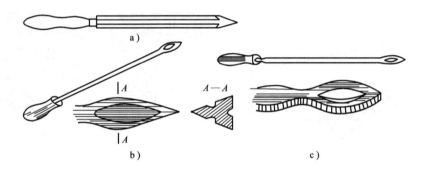

图9-7 曲面刮刀形状
a)、b) 三角刮刀 c) 蛇头刮刀

三角刮刀可用三角锉刀改制，如图9-7a所示，或用碳素工具钢锻制。三角刮刀的断面成三角形，它的三条尖棱就是三个成弧形的切削刃。在三个面上有三条凹槽，刃磨时既能存油又减小刃磨面积。

蛇头刮刀如图9-7c所示。这种刮刀，锻制比三角刮刀简单，刃磨也方便。与三角刮刀相比，它的刀身和刀头的断面都成矩形，因此，刀头部有四个带圆弧的切削刃，在两个平面上也磨有凹槽。这种刮刀，可以利用两个圆弧切削刃，交替刮削内曲面。蛇头刮刀圆弧的大小，可根据粗、精刮而定。粗刮刀圆弧的曲率半径大，这样接触面积大，刮去的金属面积也较宽大，使工件能很快达到所需形状和尺寸的要求。精刮刀圆弧曲率半径小，因而接触面积小，这样便于修刮研点，而且凹坑刮得较深，形成理想的存油空隙，使滑动轴承和转动轴可以得到充分的润滑。

第四节 刮 削 方 法

一、刮削前的准备工作

1. 场地的选择

光线、室温以及地基都要适宜。光线太强或太弱，都会影响视力。在刮削大型精密工件时，还应选择温度变化小而缓慢的刮削场地，以免因温差变化大而影响精度的稳定性。在刮削质量大的狭长刮削面时（如车床床身导轨），如果场地地基疏松，常会因此而使刮削面变形。所以在刮削这类机件时，应选择地基坚实的场地。

2. 工件的支承

工件安放必须平稳，刮削时无摇动现象。安放时应选择合理的支承点。工件应保持自由状态，不应由于支承而受到附加应力。例如刮削刚度好、质量大、面积大的机器底座接触面（图 9-8a），或大面积的平板等，应该用三点支承。为了防止刮削时工件翻倒，可在其中一个支点的两边适当加木块垫实。对细长易变形的工件（图 9-8b），应在距两端 $2L/9$ 处用两点支承。大型工件，如机床床身导轨，刮削时的支承应尽可能与装配时的支承一致。在安放工件的同时，应考虑到工件刮削面位置的高低，必须适合操作者的身高，一般是接近腰部，这样便于操作者发挥力量。

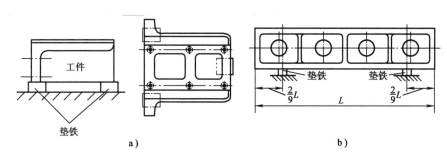

图 9-8　刮削工件的支承方式
a）用三点支承　b）用两点支承

3. 工件的准备

应去除工件刮削面毛刺和锐边倒角，以防划伤手指。为了不影响显示剂涂布效果，刮削面上应该擦净油污。

二、平面刮削姿势

刮削姿势直接影响刮削工作的质量和效率，目前常用的有手刮法和挺刮法两种。

1. 手刮法

如图 9-9 所示，右手与握锉刀柄相向，左手四指向下握住距刮刀头部 50mm 处。左手靠小拇指掌部贴在刀背上，刮刀与刮削面成 25°～30°角。左脚前跨一步，身体重心靠向左腿。刮削时让刀头找准研点，身体重心往前送的同时，右手跟进刮刀；左手下压，落刀要轻并引导刮刀前进方向；左手随着研点被刮削的同时，以刮刀的反弹作用力迅速提起刀头，刀头提起高度为 5～10mm，如此完成一个刮削动作。

2. 挺刮法

如图 9-10 所示，将刮刀柄顶在小腹右下部肌肉处，左手在前，手掌向下；右手在后，手掌向上，距刮刀头部 80mm 左右处握住刀身。刮削时刀头对准研点，左手下压，右手控制刀头方向，利用腿部和臂部的合力往前推动刮刀；随着研点被刮削的瞬间，双手利用刮刀的反弹作用力迅速提起刀头，刀头提起高度约为 10mm。

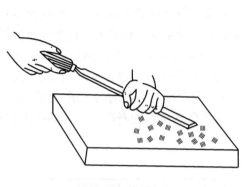

图 9-9　手刮法

图 9-10　挺刮法

三、刮削步骤

1. 粗刮

粗刮是用粗刮刀在刮削面上均匀地铲去一层较厚的金属，使其很快去除刀痕、锈斑或过多的余量。方法是用粗刮刀连续推铲，刀迹连成片。在整个刮削面上要均匀刮削，并根据测量情况对凸凹不平的地方进行不同程度的刮削。当粗刮至每25mm～50mm内有2～3个研点时，粗刮即告结束。

2. 细刮

细刮是用细刮刀在刮削面上刮去稀疏的大块研点，使刮削面进一步改善。随着研点的增多，刀迹要逐步缩短，要两个方向刮完一遍后，再交叉刮削第二遍，以此消除原方向上的刀迹。刮削过程中要控制好刀头方向，避免在刮削面上划出深刀痕。显示剂要涂抹得薄而均匀，推研后的硬点应刮重些，软点应刮轻些，直至显示出的研点硬软均匀，在整个刮削面上每25mm×25mm内有12～15个研点，细刮即告结束。

3. 精刮

用精刮刀采用点刮法以增加研点，进一步提高刮削面精度。刮削时，找点要准，落刀要轻，起刀要快。在每个研点上只刮一刀，不能重复，刮削方向要按交叉原则进行。最大最亮的研点全部刮去，中等研点只刮去顶点一小片，小研点留着不刮。当研点逐渐增多到每25mm×25mm内有20个研点以上时，就要在最后的几遍刮削中，让刀迹的大小交叉一致，排列整齐美观，以结束精刮。

刮削推研时要特别重视清洁工作，切不可让杂质留在研合面上，以免造成刮研面或标准平板的严重划伤。

不论是粗、细、精刮，对小工件的显示研点，应当是标准平板固定，工件在平板上推研。推研时要求压力均匀，避免显示失真。

四、刮削方法

原始平板的刮削一般采用循环渐近刮削法，即不用标准平板，而以两块（或三块以上）平板依次循环互研互刮，直至达到要求。

1）先将三块平板单独进行粗刮，去除机械加工的刀痕和锈斑。对三块平板分别编号为 1、2、3，按编号次序进行刮削，其刮削循环步骤如图 9-11 所示。

2）一次循环，先设 1 号平板为基准，与 2 号平板互研互刮，使 1、2 号平板贴合。再将 3 号平板与 1 号平板互研，单刮 3 号平板，使 1、3 号平板贴合。然后用 2、3 号平板互研互刮，这时 2 号和 3 号平板的平面度略有提高。这种按顺序有规则的互研互刮或单刮，称为一次循环。

3）二次循环，在上一次 2 号与 3 号平板互研互刮的基础上，按顺序以 2 号平板为基准，1 号与 2 号平板互研，单刮 1 号平板，然后 3 号与 1 号平板互研互刮。这时 3 号和 1 号平板的平面度又有了提高。

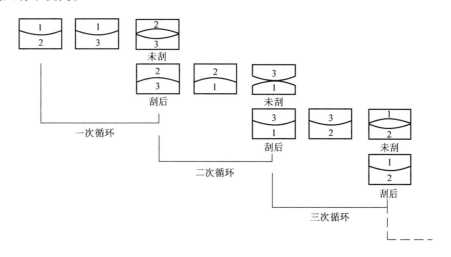

图 9-11　原始平板循环刮研法

4）三次循环，在上一次 3 号与 1 号平板互研互刮的基础上，按顺序以 3 号平板为基准，2 号与 3 号平板互研，单刮 2 号平板，然后 1 号与 2 号平板互研互刮，这时 1 号和 2 号平板的平面度进一步提高。

推研时应先直研（纵、横向）以消除纵向起伏产生的平面度误差，几次循环后必须对角推研，如图 9-12 所示，以消除平面扭曲产生的平面度误差。如此循环次数越多，则平板越精密。直到在三块平板中任取两块推研，不论是直研还是对角研都能得到相近的清晰研点，且每块平板上任意 $25mm \times 25mm$ 内均达到 20 个点以上，表面粗糙度值低于 $Ra0.8\mu m$，且刀迹排列整齐美观，刮削即告完成。

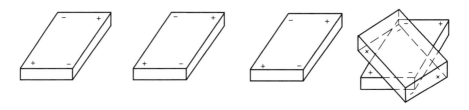

图 9-12　对角研点方法

第五节 曲面刮削

曲面刮削主要是用来刮削圆柱形和圆锥形轴承，使其能达到规定的技术要求。

一、内曲面刮削姿势

1）第一种姿势如图9-13a所示，右手握刀柄，左手掌心向下四指横握刀身，拇指抵着刀身。刮时左、右手同做圆弧运动，且顺曲面使刮刀做后拉或前推运动，刀迹与曲面轴线约成45°夹角，且交叉进行。

2）第二种姿势如图9-13b所示，刮刀柄搁在右手腕上，双手握住刀身。刮削时动作和刮刀运动轨迹与上种姿势相同。

二、外曲面刮削姿势

如图9-14所示，两手握住平面刮刀的刀身，用右手掌握方向，左手加压或提起。刮削时刮刀面与轴承端面倾斜角约为30°，也应交叉刮削。

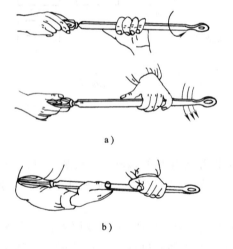

a)

b)

图9-13 内曲面刮削姿势　　图9-14 外曲面的刮削姿势

三、曲面刮削的要点

1）刮削非铁金属（如铜合金）时，显示剂可选用蓝油。精刮时可用蓝色或墨色油代替，使显点色泽分明。

2）研点时应沿曲面做来回转动，精刮时转动弧长应小于25mm，切忌沿轴线方向做直线研点。

3）曲面刮削的切削角度和用力方向，如图9-15所示。粗刮时前角大些，精刮时前角小些。蛇头刮刀的刮削与平面刮刀刮削一样，是利用负前角进行切削。

4）内孔精度的检查，也是以25mm×25mm面积接触点数而定。一般要求是中间点可以少些，而前后端则多些。

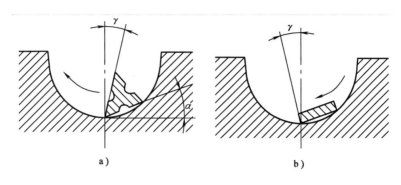

图 9-15　曲面刮削的切削角度和用力方向

第六节　刮削面缺陷的分析和安全技术

一、刮削面缺陷的分析

刮削中容易产生的缺陷和产生原因，见表 9-5。

表 9-5　刮削面缺陷的分析

缺陷形式	特　征	产生原因
深凹痕	刀迹太深，局部显点稀少	1. 粗刮时用力不均匀，局部落刀太重 2. 多次刀痕重叠 3. 切削刃圆弧过小
梗　痕	刀迹单面产生刻痕	刮削时用力不均匀，使刃口单面切削
撕　痕	刮削面上呈粗糙刮痕	1. 切削刃不光洁、不锋利 2. 切削刃有缺口或裂纹
落刀或起刀痕	在刀迹上的起始或终了处产生深的刀痕	落刀时，左手压力和速度较大以及起刀不及时
振　痕	刮削面上呈现有规则的波纹	多次同向切削，刀迹没有交叉
划　道	刮削面上划有深浅不一的直线	显示剂不清洁，或研点时混有砂粒和铁屑等杂物
切削面精度不高	显点变化情况无规律	1. 研点时压力不均匀，工件外露太多而出现假点子 2. 研具不正确 3. 研点时放置不平稳

刮削中的废品是很少的，但刮削有配合公差要求的工件时，尺寸刮小了，也会产生废品。例如牛头刨床的摆杆与滑块的配合，滑块尺寸刮小了，就成废品。因此，在刮削时应经常对工件进行测量和试配。

二、刮削的安全技术

1）刮削前，工件的锐边、锐角必须去掉，以防止碰伤手。如不允许倒角，刮削时应特别注意。

2）刮削大型工件时，搬动要注意安全，安放要平稳。

3）挺刮时，如因高度不够，人需站在垫脚板上工作时，必须将垫脚板放置平稳后，才可上去操作，以免因垫板不稳，用力后，人跌倒而出现事故。

4）刮削工件边缘时，不能用力过大过猛，避免当刮刀刮出工件时，连刀带人一起冲出去而产生事故。

5）刮刀用后，最好用纱布包裹好妥善安放。三角刮刀用毕不要放在经常与手接触的地方。不准将刮刀用作其他用途。

本 章 小 结

本章介绍了刮削的基本概念、刮削精度的检查方法等，重点介绍了常用刮削工具的种类、平面刮削方法、曲面刮削方法。通过学习和实际训练，学生应学会正确选择刮削工具进行平面和曲面刮削。

思 考 题

1. 工件在什么要求下才进行刮削加工？它有哪些特点？
2. 机床导轨为什么要用刮削方法进行加工？
3. 在粗刮和精刮时，调制和涂布红丹粉有何不同？为什么？
4. 说明粗刮、细刮和精刮的不同点。
5. 平面刮削过程中，应注意哪些问题？
6. 用示意图表示并说明原始平板的刮研方法。
7. 说明曲面刮削的方法和应注意的问题。
8. 刮削面产生振痕和深凹痕的原因是什么？

大国工匠——顾秋亮

顾秋亮在中国船舶重工集团公司第七〇二研究所从事钳工工作四十多年，先后参加和主持过数十项机械加工和大型工程项目的安装调试工作，是一名安装经验丰富、技术水平过硬的钳工技师。在蛟龙号载人潜水器的总装及调试过程中，顾秋亮同志作为潜水器装配保障组组长，工作兢兢业业，刻苦钻研，对每个细节进行精细操作，任劳任怨，以严肃的科学态度和踏实的工作作风，凭借扎实的技术技能和实践经验，主动勇挑重担，解决了一个又一个难题，保证了潜水器顺利按时完成总装联调。诚如顾秋亮所说，每个人都应该去寻找适合自己的人生之路。知识重要，手上的技艺同样重要，作为21世纪的主人，年轻一代理应看清——自己人生的价值体现其实不必拘泥于书本，接受大国工匠的人生故事感召，成为各种高精尖技艺的接班人，幸甚至哉！

第十章

研　磨

 学习目标

1. 了解研磨的基本概念、研磨缺陷形式及产生原因。
2. 掌握研具材料和研磨剂的特性和用途。
3. 重点掌握各种研磨方法。

第一节　研　磨　概　念

用研磨工具和研磨剂从工件表面上磨掉一层极薄的金属，使工件表面达到表面精确的尺寸、准确的几何形状和更小的表面粗糙度值，这种精密加工的方法，称为研磨。

一、研磨目的

研磨加工对工件表面的作用：

（1）减小表面粗糙度值　表 10-1 所示为各种加工方法达到表面粗糙度的情况，与其他加工方法比较，经过研磨加工后的表面粗糙度值最小，一般情况表面粗糙度为 $Ra1.6 \sim 0.1\mu m$，最小可达 $Ra0.012\mu m$。

表 10-1　各种加工方法获得表面粗糙度的比较

加工方法	加工情况	表面放大的情况	表面粗糙度 $Ra/\mu m$
车			1.5 ~ 80
磨			0.9 ~ 5
压光			0.15 ~ 2.5
珩磨			0.15 ~ 1.5
研磨			0.1 ~ 1.6

（2）能达到精确的尺寸精度　通过研磨后的尺寸精度可达到 $0.001 \sim 0.005 \mathrm{mm}$。

（3）能改进工件的几何形状　可使工件得到准确形状，用一般机械加工方法产生的形状误差都可以通过研磨的方法校正。

由于研磨后零件表面粗糙度值小，形状准确，所以零件的耐磨性、耐蚀性和疲劳强度相应地提高，延长了零件的使用寿命。

二、研磨原理

研磨工具（可简称为研具）的材料比研磨的工件软，研磨时在研具的研磨面上涂上研磨剂，在受到工件的压力后，研磨剂中的微小细粒（磨料）被嵌入研具面上。这些微细磨料像无数切削刃，由于研具和工件做复杂的相对运动，磨料细粒在工件和研具之间做滑动、滚动，产生微量的切削作用，而每一磨粒不会在表面上重复自己的运动轨迹，这样磨料就在工件表面上切去极薄的一层金属。这是研磨原理中的物理作用。

有的研磨剂还起化学作用。例如采用氧化铬、硬脂酸等化学研磨剂进行研磨时，与空气接触后，很快在工件表面形成一层氧化膜，氧化膜本身很容易被研磨掉，在研磨过程中，氧化膜迅速地形成（化学作用），又不断地被磨掉（物理作用），经过多次的反复，工件表面就很快地得到较高的精度和更小的表面粗糙度值。由此可见，研磨加工实际上体现了物理作用和化学作用的综合效果。

三、研磨余量

研磨的切削量很小，一般每研磨一遍所磨去的金属层厚度不超过 $0.002 \mathrm{mm}$，所以研磨余量不能太大。通常研磨余量在 $0.005 \sim 0.03 \mathrm{mm}$ 范围内比较适宜。研磨余量的大小应根据工件尺寸大小和精度高低有所不同。

第二节　研磨工具和研磨剂

一、研具材料

研具材料应满足如下技术要求：材料的组织要细致均匀，要有很高的稳定性和耐磨性，具有较好的嵌存磨料的性能，工作面的硬度应比工件表面硬度稍软。

常用的研具材料有如下几种：

1. 灰铸铁

它有润滑性好，磨耗较慢，硬度适中，研磨剂在其表面容易涂布均匀等优点，是一种研磨效果较好，价廉易得的研具材料，因此得到广泛的应用。

2. 球墨铸铁

它比一般灰铸铁更容易嵌存磨料，且更均匀、牢固、适度，同时还能增加研具的寿命。采用球墨铸铁制作研具已得到广泛应用，尤其用于精密工件的研磨。

3. 软钢

它的韧性较好，不容易折断，常用来做小型的研具，如研磨螺纹和小直径工具、工件等。

4. 铜

性质较软，表面容易被磨料嵌入，适于作研磨软钢类工件的研具。

二、研磨剂

研磨剂是由磨料和研磨液调和而成的混合剂。

1. 磨料

磨料在研磨中起切削作用，研磨工作的效率、工件的精度和表面粗糙度，都与磨料有密切的关系。常用的磨料有以下三类：

（1）氧化物磨料　氧化物磨料有粉状和块状两种，主要用于碳素工具钢、合金工具钢、高速工具钢和铸铁工件的研磨。

（2）碳化物磨料　碳化物磨料呈粉状，它的硬度高于氧化物磨料，除用于一般钢铁材料制件的研磨外，主要用来研磨硬质合金、陶瓷之类的高硬度工件。

（3）金刚石磨料　金刚石磨料分人造和天然两种，其切削能力、硬度比氧化物、碳化物磨料都高，实用效果也好。由于价格昂贵，一般只用于硬质合金、宝石、玛瑙和陶瓷等高硬度材料的精研磨加工。

磨料的系列与用途见表 10-2。

表 10-2　磨料的系列与用途

系列	磨料名称	代号	特　性	适 用 范 围
氧化铝系	棕刚玉	A	棕褐色、硬度高、韧性大、价格便宜	粗、精研磨钢、铸铁和黄铜
	白刚玉	WA	白色、硬度比棕刚玉高，韧性比棕刚玉差	精研磨淬火钢、高速工具钢、高碳钢及薄壁零件
	铬刚玉	PA	玫瑰红或紫红色，韧性比白刚玉高，磨削表面粗糙度值低	研磨量具、仪表零件等
	单晶刚玉	SA	淡黄色或白色，硬度和韧性比白刚玉高	研磨不锈钢、高钒高速工具钢等强度高、韧性大的材料
碳化物系	黑碳化硅	C	黑色有光泽、硬度比白刚玉高，脆而锋利，导热性和导电性良好	研磨铸铁、黄铜、铝、耐火材料及非金属材料
	绿碳化硅	GG	绿色，硬度和脆性比黑碳化硅高，具有良好的导热性和导电性	研磨硬质合金、宝石、陶瓷、玻璃等材料
	碳化硼	BC	灰黑色，硬度仅次于金刚石，耐磨性好	精研磨和抛光硬质合金，人造宝石等硬质材料
金刚石系	人造金刚石		无色透明或淡黄色、黄绿色、黑色、硬度高，比天然金刚石略脆，表面粗糙	粗、精研磨硬质合金、人造宝石、半导体等高硬度脆性材料
	天然金刚石		硬度最高，价格昂贵	
其他	氧化铁		红色至暗红色，比氧化铬软	精研磨或抛光钢、玻璃等材料
	氧化铬		深绿色	

　　磨料的粗细用粒度表示，国家标准 GB/T 2481.2—2009《固结磨具用磨料　粒度组成的检测和标记　第2部分：微粉》规定，微粉包括 F 系列和 J 系列，粒度号前分别冠以字母"F"和符号"#"。粒度测量方法包括光电沉降法和沉降管法测量等，F 系列微粉若按光电沉降法测量分为 13 个粒度号，中值粒径范围为 1.2~53μm，粒度号的规定值见表 10-3（适用于光电沉降仪，对应于 94% 值）。F 系列微粉若按沉降管法测量分为 11 个粒度号，中值粒径范围为 7.6~55.7μm，粒度号的规定值见表 10-4（适用于沉降管粒度仪，对应于 95% 值）。

表 10-3　F230~F2000 微粉的粒度组成（光电沉降仪）

粒度标记	d_{s0} 最大值/μm	d_{s3} 最大值/μm	d_{s50} 粒度中值/μm	d_{s94} 最小值/μm
F230	—	82.0	53.0±3.0	34.0
F240	—	70.0	44.5±2.0	28.0
F280	—	59.0	36.5±1.5	22.0
F320	—	49.0	29.2±1.5	16.5
F360	—	40.0	22.8±1.5	12.0
F400	—	32.0	17.3±1.0	8.0
F500	—	25.0	12.8±1.0	5.0
F600	—	19.0	9.3±1.0	3.0
F800	—	14.0	6.5±1.0	2.0
F1000	—	10.0	4.5±0.8	1.0
F1200	—	7.0	3.0±0.5	1.0 (80%处)
F1500	—	5.0	2.0±0.4	0.8 (80%处)
F2000	—	3.5	1.2±0.3	0.5 (80%处)

表 10-4　F230~F1200 微粉的粒度组成（沉降管粒度仪）

粒度标记	d_{s0} 最大值/μm	d_{s3} 最大值/μm	d_{s50} 粒度中值/μm	d_{s95} 最小值/μm
F230	120	77.0	55.7±3.0	38.0
F240	105	68.0	47.5±2.0	32.0
F280	90	60.0	39.9±1.5	25.0
F320	75	52.0	32.8±1.5	19.0
F360	60	46.0	26.7±1.5	14.0
F400	50	39.0	21.4±1.0	10.0
F500	45	34.0	17.1±1.0	7.0
F600	40	30.0	13.7±1.0	4.6
F800	35	26.0	11.0±1.0	3.5
F1000	32	23.0	9.1±0.8	2.4
F1200	30	20.0	7.6±0.5	2.4 (80%处)

　　研磨粉粒度选择应根据研磨需要达到的表面粗糙度值来确定，不同粒度可以达到的表面粗糙度见表 10-5。

表 10-5　研磨粉粒度可以达到的表面粗糙度

研磨粉号数	研磨加工类别	可达到表面粗糙度 Ra/μm
F4~F220	用于最初的研磨加工	0.4
F220~F280	用于粗研磨加工	0.4~0.2
F280~F400	用于半精研磨加工	0.2~0.1
F500~F800	用于精研磨加工	0.1~0.05
F1000~F1200	用于抛光、镜面研磨	0.025~0.01

2. 研磨液

研磨液在研磨加工中起到调和磨料、冷却和润滑的作用。研磨液的质量高低和选用是否正确，直接关系着研磨加工的效果。一般要求具备以下条件：

（1）有一定的黏度和稀释能力　磨料通过研磨液的调和，均布在研具表面以后，与研具表面应有一定的粘附性，否则，磨料就不能对工件产生切削作用。同时研磨液对磨料有稀释作用，特别是积团状的磨料颗粒，在使用之前，必须经过研磨液的稀释或淀选。越精细的研磨，对磨料的稀释与淀选越重要。

（2）有良好的润滑和冷却作用　研磨液在研磨过程中，应起到良好的润滑和冷却作用。

（3）对工件无腐蚀性，且不影响人体健康　选用研磨液首先应该考虑不损伤操作者的皮肤和健康，而且易于清洗干净。

常用的研磨液有煤油、汽油、全损耗系统用油（L－AN15、L－AN32）、工业用甘油、透平油以及熟猪油等。此外，根据需要在研磨液中再加入适量的石蜡、蜂蜡等填料和黏性较大而氧化作用较强的油酸、脂肪酸、硬脂酸等，则研磨效果更好。

下面介绍几种常用的研磨剂和研磨膏的配比。

1）研磨剂：粗研磨时，研磨剂配比见表10-6。

如用于精研磨，除白刚玉改用较细的磨料和不加油酸，并多加煤油15g之外，其他相同。

研磨剂的调法：

先将硬脂酸和蜂蜡加热溶解，待其冷却后加入汽油搅拌，经过双层纱布过滤，最后加入研磨粉和油酸（精研磨时不加油酸）。

精研磨时，研磨剂配比见表10-7。

表10-6　粗研磨剂配比

白刚玉	16g
硬脂酸	8g
蜂蜡	1g
油酸	15g
航空汽油	80g
煤油	80g

表10-7　精研磨剂配比

研磨粉（根据工件材料选择系列）	15g
硬脂酸	8g
航空汽油	200ml
煤油	15ml

2）研磨膏：抛光时，研磨膏配比见表10-8。

精研磨时，研磨膏配比见表10-9。

表10-8　抛光研磨膏配比

氧化铬	60g
石蜡	22g
蜂蜡	4g
硬脂酸	11g
煤油	3g

表10-9　精研磨膏配比

金刚砂（研磨粉）	40g
氧化铬	20g
硬脂酸	25g
电容器油	10g
煤油	5g

一般工厂常采用成品研磨膏。使用时，将研磨膏加全损耗系统用油稀释后即可进行研磨。研磨膏也分粗、中、细三种，根据要求的精度高低来选用。

第三节 研 磨 方 法

研磨分手工研磨和机械研磨两种。手工研磨时，要使工件表面各处都受到均匀的切削，应该选择合理的运动轨迹，这对提高研磨效率、工件的表面质量和研具的寿命都有直接的影响。

一、手工研磨运动轨迹的形式

手工研磨的运动轨迹，一般采用直线、直线与摆动、螺旋线、8字形和仿8字形等几种。不论哪一种轨迹的研磨运动，其共同特点是工件的被加工面与研具工作面作相密合的平行运动。这样的研磨运动既能获得比较理想的研磨效果，又能保持研具的均匀磨损，提高研具的寿命。

1. 直线研磨运动轨迹

直线研磨运动的轨迹由于不能相互交叉，容易直线重叠，使工件难以得到更小的表面粗糙度值，但可获得较高的几何精度。所以它适用于有台阶的狭长平面的研磨。

2. 摆动式直线研磨运动轨迹

由于某些量具的研磨（如研磨双斜面直尺、样板角尺的侧面以及圆弧测量面等）主要要求是平直度，因此，可采用摆动式直线研磨运动，即在左右摆动的同时，做直线往复移动。

3. 螺旋形研磨运动轨迹

研磨圆片或圆柱形工件的端面等，采用螺旋式研磨运动，能获得更小的表面粗糙度值，其运动轨迹如图10-1所示。

4. 8字形或仿8字形研磨运动轨迹

研磨小平面工件，通常都采用8字形或仿8字形研磨运动，其轨迹如图10-2所示，能使相互研磨的面保持均匀接触，即有利于提高工件的研磨质量，且可使研磨具保持均匀地磨损。

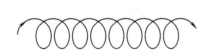

图10-1　螺旋形研磨运动轨迹　　　　　　图10-2　8字形或仿8字形研磨运动轨迹

以上几种研磨运动的轨迹，应该根据工件被研磨面的形状特点合理选用。下面分别叙述几种不同研磨面的研磨方法。

二、平面研磨

平面的研磨一般是在平面非常平整的平板（研具）上进行的。

平板分有槽的和光滑的两种。粗研时，应该在有槽的平板上进行，如图10-3b所示。

因为在有槽的平板上容易使工件压平，粗研时就不会使表面磨成凸弧面。精研时，则应在光滑的平板上进行，如图10-3a所示。

研磨工作开始前，应先做好研磨平板工作表面的清洁工作。然后在平板上加适当研磨剂，把工件需研磨的表面合在平板上，沿平板的全部表面，用8字形（图10-4）、仿8字形或螺旋形的运动轨迹进行研磨。

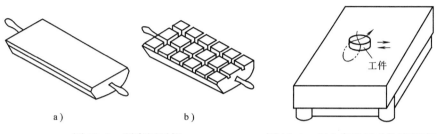

a) b)

图 10-3 研磨用平板　　　　　　图 10-4 用8字形运动轨迹研磨平面
a）光滑平板 b）有槽平板

　　在研磨时为了使工件均匀受压，常在研磨一段时间后，将工件调头或偏转一个位置，以避免工件平面因受力不均匀而造成倾斜。如发现平面已经倾斜，则在工件厚的部位加大一些压力研磨，纠正倾斜现象。

　　在研磨过程中，研磨的压力和速度对研磨效率和质量有很大影响。一般研磨时，压力大小应该适中。压力太大，研磨切削量大，表面粗糙。压力太大也会使研磨料压碎，划伤表面。因此手工研磨压力应该适当控制，粗研时宜用 $(1 \sim 2) \times 10^5 Pa$，精研时宜用 $(1 \sim 5) \times 10^4 Pa$。研磨的速度也不应过快。过快会引起工件发热，降低研磨质量，特别是薄壁工件和壁厚不均的工件会因热而发生拱曲变形。在一般情况下，手工推磨在粗研磨时，每分钟往复 $40 \sim 60$ 次，精研磨每分钟往复 $20 \sim 40$ 次。若采用手工与机器相配合的研磨，一般研磨速度应在 $10 \sim 150 m/min$，对于精密度要求高或易于变形的工件，研磨速度通常不超过 $30 m/min$。在研磨中，为了使研磨效果良好，所用的压力和速度，可在一定范围内灵活变化使用。例如在粗研磨或研磨较小的硬工件时，可用大的压力、较慢的速度进行研磨，而在精研或对大工件研磨时就应用小的压力、快的速度进行研磨。有时由于工件的自重量大或接触面大，互相贴合的摩擦阻力大，为了减轻研磨时的推动力和提高研磨速度，可加些润滑油和硬脂酸。

　　在研磨狭窄平面时，为防止研磨平面产生倾斜和圆角，研磨时应用金属块做成"导靠"，如图10-5a所示，采用直线研磨轨迹。图10-5b所示为样板要研成半径为 R 的圆角，则采用摆动式直线研磨运动轨迹。如工件数量较多，则应采用C形夹头，将几个工件夹在一起研磨，能有效地防止倾斜，如图10-6所示。

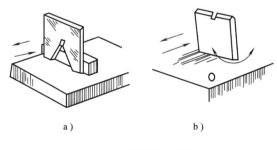

a) b)

图 10-5 研磨平面狭窄　　　　　　图 10-6 多件研磨

三、圆柱面的研磨

圆柱面的研磨一般以手工与机器的配合运动进行研磨。有外圆柱面的研磨和圆柱孔的研磨。现就两种研磨方法分别叙述如下：

1. 研磨外圆柱面

工件的外圆柱是用研磨环进行研磨的。研磨环的内径应比工件的外径大 0.025 ~ 0.05mm。图 10-7 所示为可更换式研磨环。其结构是：中间有开口的调节圈 1，外圈 2 上有调节螺钉 3，如图 10-7a 所示。当研磨一段时间后，若研磨环内孔磨大，则拧紧调节螺钉 3，使调节圈 1 的孔径缩小，来达到所需的间

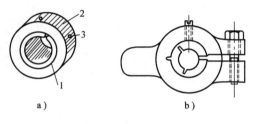

图 10-7 研磨环
1—调节圈 2—外圈 3—调节螺钉

隙。图 10-7b 所示的研磨环，其调节圈也是开口的，但在它的内孔上开有两条槽，使研磨环具有弹性，孔径由螺钉来调节。研磨环的长度一般为孔径的 1 ~ 2 倍。

外圆柱面在研磨时，工件可由车床带动，在工件上均匀涂上研磨剂，套上研磨环（其松紧程度，应以手用力能转动为宜）。通过工件的旋转运动和研磨环在工件上沿轴线方向做往复运动进行研磨，如图 10-8a、b 所示。一般工件的转速在直径小于 80mm 时为 100r/min，直径大于 100mm 时为 50r/min。研磨环往复运动的速度根据工件在研磨环上研磨出来的网纹来控制，如图 10-8c 所示。

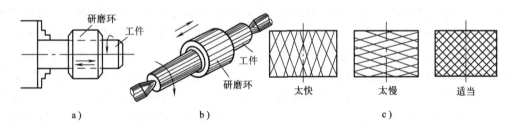

图 10-8 研磨外圆柱面

当往复运动的速度适当时，工件上研磨出来的网纹成 45°交叉线。太快了，网纹与工件轴线夹角较小；太慢时，网纹与工件轴线夹角就较大。研磨环往复运动的速度不论太快还是太慢，都影响工件的精度和耐磨性。

在研磨过程中，如果由于上道工序的加工误差，造成工件直径大小不一（在研磨时可感觉到，直径大的部位移动研磨环感到比较紧，而小的部位感到比较松），可在直径大的部位多研磨几次，一直到尺寸完全一样为止。研磨一段时间后，应将工件调头再行研磨，这样能使轴容易得到准确的几何形状。

2. 研磨圆柱孔

工件圆柱孔的研磨是在研磨棒上进行的。研磨棒的形式有固定式和可调节式两种，如图 10-9 所示。

固定式研磨棒如图 10-9a、b 所示，图 10-9b 所示的圆柱体上开有螺旋形槽，作用是存放研磨剂，保证在研磨时，不致把研磨剂全部从工件的两端挤出。光滑的研磨棒

一般用于精研磨。固定式研磨棒制造简便，但在磨耗后无法补偿，一般在单件研磨或机修中使用。

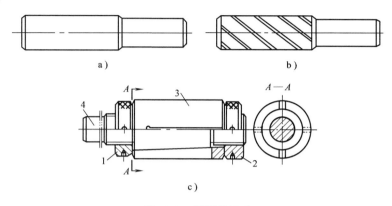

图 10-9　研磨棒形式

a）固定式光滑研磨棒　b）固定式有槽研磨棒　c）可调节式研磨棒
1、2—螺母　3—套　4—外圆锥芯棒

可调节式研磨棒有多种结构，但其原理大都是利用芯棒锥体的作用来调节外径套直径的。图 10-9c 是由两端带有螺杆的外圆锥芯棒 4、与带内圆锥孔的套 3 和调节螺母 1、2 组成。调节时，将螺母 1 放松，再旋紧螺母 2，使套 3 向螺母 1 靠近，这样即达到使套 3 外径胀开的目的。反之，可使套 3 外径缩小。这种可调节式研磨棒，能在一定尺寸范围内进行调节，可延长使用寿命，应用较广。

研磨棒工作部分（即带内锥孔的套）的长度应大于工件长度，太长会影响工件的研磨精度，具体可根据工件长度而定，一般情况下，是工件长度的 1.5 ~ 2 倍。

圆柱孔的研磨，是将研磨棒夹在车床卡盘内（大直径的长研磨棒，另一端用尾座顶尖顶住），把工件套在研磨棒上进行研磨。

在调节研磨棒时，与工件的配合必须适当。配合太紧，易将孔面拉毛；配合太松，孔会研磨成椭圆形。一般以用手推工件时不十分费力为宜。研磨时如工件的两端有过多的研磨剂被挤出时，应及时揩掉。否则会使孔口扩大，研磨成喇叭口形状。如孔口要求很高，可将研磨棒的两端，用砂布擦得略小一些，避免孔口扩大。研磨后，因工件温度较高，应待其冷却至室温后再进行测量。

四、圆锥面的研磨

工件圆锥表面的研磨，包括圆锥孔和外圆锥面的研磨。研磨时必须要用与工件锥度相同的研磨棒或研磨环，其结构有固定式和可调节式两种。圆锥面研磨棒如图 10-10 所示。

固定式研磨棒开有左向的螺旋槽（图 10-10a）和右向的螺旋槽（图 10-10b）两种。可调节式的研磨棒和研磨环，其结构原理和圆柱面可调节式研磨棒或研磨环相同。

研磨时，一般在车床或钻床上进行，转动方向应和研磨棒的螺旋方向相适应，如图 10-10 所示。在研磨棒或研磨环上均匀地涂上一层研磨剂，插入工件锥孔中或套进工件的外锥表面旋转 4 ~ 5 圈后，将研具稍微拔出一些，然后再推入研磨，如图 10-11 所示。研磨到接近要求时，取下研具，擦干研具和工件被磨表面的研磨剂，重复进行抛光研磨，一直到被加工表面呈银灰色或发光为止。有些工件是直接用彼此接触的表面进行研磨的，不必使用研具。例如分配阀和阀门的研磨，就是以彼此的接触表面进行研磨的。

图 10-10　圆锥面研磨棒

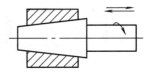

图 10-11　圆锥面研磨

五、凡尔线的研磨

为了使各种阀门的接合部位不渗漏气体或液体，具有良好的密封性，通常在其接合部位制成既能达到密封接合、又能便于研磨加工的线接触或很窄的环面、锥面接触，如图 10-12所示，这些很窄的接触部位，称为凡尔线。

凡尔线多数是用阀盘与阀座直接互相研磨的。由于阀盘和阀座配合类型不同，可以采用不同的研磨方法。

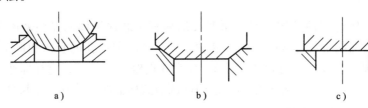

图 10-12　凡尔线的形式
a）球形　b）锥面形　c）平面形

图 10-13a 所示为气阀，图 10-13b 所示为柴油机喷油器，它们的锥形凡尔线是采用旋磨的方法进行研磨的。图 10-13c 中闸门的平面形凡尔线，采用研具对阀座进行研磨。图 10-14 所示的是用丁字扳手使研具在环形平面上研磨平面形凡尔线。

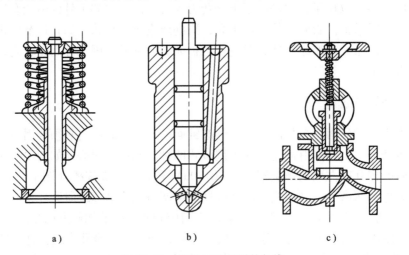

图 10-13　锥形和平面形凡尔线
a）气阀（锥形凡尔线）　b）柴油机喷油器（锥形凡尔线）　c）闸门阀（平面形凡尔线）

图 10-15 所示为窄带形凡尔线的球式单向阀，这种凡尔线的加工方法，是用钢球放在阀座上用手锤敲打钢球冲击座口的方法，使其座口上形成一条环形密封的凡尔线。

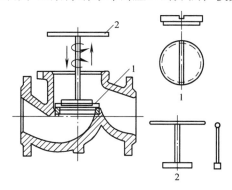
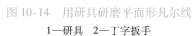
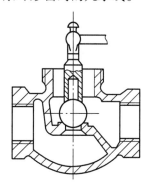

图 10-14　用研具研磨平面形凡尔线

1—研具　2—丁字扳手

图 10-15　球式单向阀窄带形凡尔线的加工方法

六、机械研磨

机械研磨既能减轻劳动强度，又能提高研磨效率和研磨质量。一般用于成批生产中，有的也用于单件研磨。现介绍两种适应范围广、结构具有代表性的研磨机。

1. 双盘平面研磨机

图 10-16 所示为研磨工件的一个平面或平行面的双盘平面研磨机的外形图。其传动原理如图 10-17 所示。起动电动机 1，通过 V 带传动，使轴 2 转动，同轴上的正齿轮 3 通过正齿轮 4 的传递，使轴 5 旋转。通过锥齿轮 6、7，使内齿轮 8 在轴 9 上空转（内齿轮 8 的底面为下研磨盘）。同时轴 2 上正齿轮 10 通过正齿轮 11 将动力传递给轴 12，又通过锥齿轮 13、14

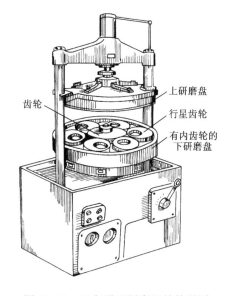

齿轮

上研磨盘

行星齿轮

有内齿轮的下研磨盘

图 10-16　双盘平面研磨机的外形图

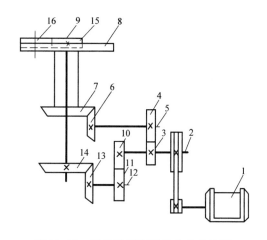

图 10-17　双盘平面研磨机传动系统图

1—电动机　2、5、9、12—轴　3、4、10、11、15—正齿轮
6、7、13、14—锥齿轮　8—内齿轮　16—行星齿轮

的传递，带动轴 9 和正齿轮 15 旋转。在内齿轮 8 与正齿轮 15 之间有行星齿轮 16（图 10-18），与齿轮 8、15 啮合。由于内齿轮 8 和正齿轮 15 做不同速度的转动，带动行星齿轮 16 既自转又绕轴 9 做公转，这样就形成复合的行星运动。

图 10-18　行星齿轮

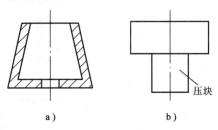

a）　　　　　　　　　b）

图 10-19　重量较轻的工件研磨

a）重量较轻的工件　b）青铅压块

在行星齿轮的轮辐上制有按被研磨工件形状大小需要的方孔和圆孔，将工件放入孔中，使研磨面与内齿轮 8 的下研磨盘接触，随行星齿轮作行星运动。若如图 10-19a 所示的工件，自身重量不够，可用压块增加压力，如图 10-19b 所示。如果研磨工件的平行面，可将上研磨盘通过液压机构使其下降与研磨面接触。这种研磨机工作效率高，研磨精度可达 0.002 ~ 0.003mm，表面粗糙度值可达 $Ra0.05 ~ 0.025\mu m$。

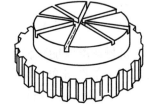

图 10-20　修整用的行星齿轮

如果上、下研磨盘磨损，平面产生误差时，可用球墨铸铁制成的行星齿轮进行研磨修整，如图 10-20 所示。

2. 外圆柱面研磨机

图 10-21 是外圆柱面研磨机的外形图。其传动原理如图 10-22 所示。

起动电动机 1，使轴 2 转动。在轴 2 上装有宽 V 带轮，通过两组 V 带的传动，带动装有研磨辊的两根轴 3、4 同向旋转。两根研磨辊之间的距离 L 可按工件直径在一定范围内调节。左边的研磨辊比右边的研磨辊的直径大，而且两研磨辊不装带轮的一端较低，便于工件向低方滑动。研磨时，当两研磨辊同向旋转时，工件夹在研磨辊之间，由于滚动和滑动的结合，在工件表面进行切削。

工件装入左边送料槽，如图 10-21 所示。自动滑向研磨辊，研磨后，自动从右边出料槽流出。这种研磨机操作方便，研磨效率高，常用于柱塞一类零件的研磨加工。

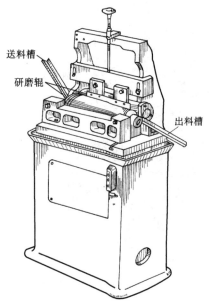

送料槽

研磨辊

出料槽

图 10-21　外圆柱面研磨机

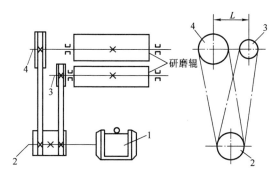

图 10-22 外圆柱面研磨机传动系统图

1—电动机 2、3、4—轴

第四节 研磨时的要点和研磨面缺陷的分析

一、研磨时的要点

研磨后工件表面质量的好坏，除了与能否合理选用磨粉和研磨液以及研磨工艺是否合理有很大关系外，还与研磨时的清洁工作有直接关系。如果在研磨中忽视了清洁工作，轻则使工件拉毛，重则拉出深痕。因此在整个研磨过程中，特别要注意清洁，使工件表面不受到任何损伤。

二、研磨面缺陷的分析

表 10-10 所列为研磨面常见缺陷的分析。

表 10-10 研磨面常见缺陷的分析

缺 陷 形 式	缺 陷 产 生 原 因
表面粗糙	1. 磨料太粗 2. 研磨液不当 3. 研磨剂涂得薄而不匀
表面拉毛	忽视研磨时的清洁工作,研磨剂中混入杂质
平面成凸形或孔口扩大	1. 研磨剂涂得太厚 2. 孔口或工件边缘被挤出的研磨剂未及时擦去,仍继续研磨 3. 研磨棒伸出孔口太长
孔成椭圆形或圆柱孔有锥度	1. 研磨时没有更换方向 2. 研磨时没有调头
薄形工件拱曲变形	1. 工件发热温度超过50℃仍继续研磨 2. 夹持过紧引起变形

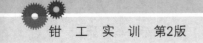
本 章 小 结

本章介绍了研磨的基本概念、研磨缺陷形式及产生原因，并重点介绍了研具材料和研磨剂的特性、平面的研磨方法、圆柱面的研磨方法、圆锥面的研磨方法、凡尔线的研磨方法和机械研磨方法。通过学习和实际训练，学生应掌握各种平面的研磨方法。

思 考 题

1. 什么叫研磨？叙述研磨原理。
2. 研磨加工有何作用？如何确定研磨余量？
3. 对研具材料有何要求？常用研具材料有几种？各应用于什么场合？
4. 什么是研磨剂？
5. 磨料在研磨中有何作用？分几种？各应用于什么场合？
6. 磨料的软硬如何划分？磨料的粗细如何划分？
7. 研磨液的作用是什么？常用的有哪几种？
8. 用简图表示研磨运动轨迹的形式，并说明其应用场合。
9. 在研磨平面和外圆柱面时，应如何控制其速度？
10. 影响研磨质量有哪些因素？

大国工匠——胡双钱

"好工人"胡双钱出身于工人家庭，作为中国商飞上海飞机制造有限公司高级技师、数控机加车间钳工组组长，他先后高精度、高效率地完成了 ARJ21 新支线飞机首批交付飞机起落架钛合金作动筒接头特制件、C919 大型客机首架机壁板长桁对接接头特制件等加工任务。核准、划线，锯掉多余的部分，握着锉刀将零件的锐边倒圆、去毛刺……这样的动作，他整整重复了 30 年。这位"航空手艺人"用一丝不苟的工作态度和精益求精的工作作风，创造了"35 年没出过一个次品"的奇迹。

胡双钱说，"工匠精神是一种努力将 99% 提高到 99.99% 的极致，每个零件都关系着乘客的生命安全，确保质量，是我最大的职责"。

第十一章

钣 金 工

 学习目标

1. 了解薄板的下料和成形方法。
2. 掌握薄板的焊接和切割方法。
3. 重点掌握变形薄板的成形修复方法。

钣金工作为一种传统的工艺方法，随着科学技术的迅猛发展，现代加工方法及先进设备的不断涌现，钣金加工的概念、方法及手段也在发生深刻的变化。汽车的覆盖件，仪器仪表的元器件，各种容器、管道、化学反应塔等，大多是钣金或冷冲压件制成的。据概略统计，仅汽车制造业就有近 60% ~ 75% 的零件是采用钣金或冷冲压技术制成的。在电子产品中，钣金件（含冷冲压件）占有的比例超过工件总数的 85%，因此，了解钣金加工的基础知识，掌握金属薄板成形工艺的操作技术，对今后从事汽车生产以及相关机械制造工作有着十分重要的意义。

第一节　钣金件的加工

一、薄板的下料

下料是将原材料根据需要切成毛坯。钣金下料的方法很多，随着生产技术的不断提高，钣金下料也逐步由机械方法来完成。按不同机床的类型和工作原理，可分为剪切、铣切、冲切、等离子切割及激光切割等。剪切是金属切割中的一种，因为在钣金作业中，所用的金属板料多为薄板，所以多用剪切来下料。

1. 手工剪切

手工剪切的工具为直线切削刃的直剪和曲线切削刃的弯剪两种，如图 11-1 所示。

手剪的规格是按切削刃的长度计算的，可分为 70mm 和 80mm 两种。手剪的全长一般为切削刃的 2.5 ~ 3 倍。手剪所用材料为 $w_C > 0.4\%$ 的中碳钢。切削刃经淬火硬化。手剪切削刃的角度，根据切削不同硬度的金属板而定，通常在 55° ~ 85° 之间，如图 11-2 所示。

刃口的角度越小，剪切越快，但也容易磨损和崩裂。所以，手剪刃口的角度大小应视剪切金属材料的硬度及厚度合理选取。

剪切时，右手要握紧剪柄末端，用拇指和手掌的虎口夹住上剪柄，食指在剪柄的中间抵住下剪柄，其余三个手指握牢下剪柄。工作时，应使上下刀片紧密合拢，不能出现缝隙，否则被剪板料上下剪切裂纹将不能重合，甚至会使板料夹在两刀片之间而影响正常使用。刀口必须垂直对准标记线，尽量使刃口张开大一些，以便于充分利用刃口长度。但刃口角度太大会把板料推开，而太小不仅会影响工作效率，还会给操作带来不便。

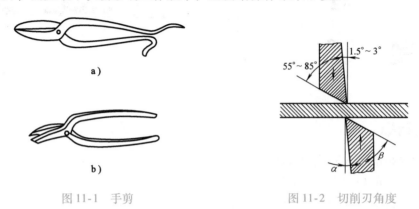

| 图 11-1　手剪 | 图 11-2　切削刃角度 |
| a）直剪　b）弯剪 | |

2. 机械剪切

机械剪切通常是利用上下切削刃为直线的刀片或旋转滚刀片的剪切运动来剪裁板料毛坯。

（1）剪床切料过程　板料被剪切的过程和剪切断面，见表 11-1。

表 11-1　剪床的切料过程和剪切断面

简　图	说　明	
$a = (1.5 \sim 2)Z$ 式中　Z—两刃间隙 　　　a—合力作用点之间的 　　　　　力臂	弹性变形阶段	板料在剪力作用下，产生弹性的压缩或弯曲
	塑性变形阶段	剪力继续增加，板料内应力超过了屈服强度时开始产生塑性变形，两刃口部分产生应力集中，并出现细微裂纹，形成光亮的剪切断面
	剪裂阶段	剪力进一步增加，刃口处裂纹继续发展，当上、下裂纹重合时，板料分离
	板料的剪切断面	（1）圆角带——开始塑性变形时，由金属纤维的弯曲和拉伸而形成 （2）光亮带——由金属产生塑性剪切变形而形成 （3）剪裂带——由于拉应力作用，使纤维撕裂而形成粗糙不平的剪裂带

（2）板料剪切方法　板料的各种剪切方法见表11-2。

表 11-2　板料的各种剪切方法

剪切形式	简　图	剪刀的工作部分	主要用途
斜口剪及杠杆剪		交角 ϕ 对于斜口剪 $\phi = 2° \sim 6°$ 对于杠杆剪 $\phi = 7° \sim 12°$ 切削角 $\delta = 75° \sim 85°$ 后角 $\gamma = 2° \sim 3°$ 为了刃磨简便，可用 $\delta = 90°$ 和 $\gamma = 0$ 的数值 剪刃间的间隙为 $0.05 \sim 0.2$mm	将板料裁成条料或单个毛料。能裁的材料厚度在40mm以下
圆盘剪（两轴平行）		咬角 $\alpha < 14°$ 重叠高度 $b = (0.2 \sim 0.3)S$ 剪盘尺寸： 对于厚度（$S > 10$mm） $D = (25 \sim 30)S$ $h = 50 \sim 90$mm 对于薄料（$S < 3$mm） $D = (35 \sim 50)S$ $h = 20 \sim 25$mm	将板料裁成条料，或由板边向内裁圆形毛料 能裁的材料厚度在30mm以下（用不同型号的圆盘剪）
圆盘剪（下剪盘是斜的）		斜角 $\gamma = 30° \sim 40°$ 剪盘尺寸： 对于厚料（$S > 10$mm） $D = 20S$ $h = 50 \sim 80$mm 对于薄料（$S < 3$mm） $D = 28S$ $h = 15 \sim 20$mm	裁条料和圆形及环状毛料 能裁的材料厚度在30mm以下（用不同型号的圆盘剪）
圆盘剪（斜刃）		间隙 $a \leqslant 0.2S$ 间隙 $b \leqslant 0.3S$ 对于厚料（$S > 10$mm） $D = 12S$ $h = 40 \sim 60$mm 对于薄料（$S < 5$mm） $D = 20S$ $h = 10 \sim 15$mm	裁半径不大的圆形、环状及曲线毛料，后刃面呈曲线状，故材料可以很容易地转动，所裁的材料厚度在20mm以下
多盘圆盘剪（各轴平行）		切削角90° 剪盘尺寸： $D = (40 \sim 125)S$ $h = 15 \sim 30$mm 重叠高度 $b = -0.5S \sim +0.5S$ 间隙 $a = (0.1 \sim 0.2)S$	同时裁几个条料，或将条料和带料修成一定的宽度，所裁的材料厚度在10mm以下（用不同型号的圆盘剪）

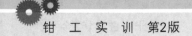

二、薄板的成形

1. 手工成形

随着生产工艺的不断改进，绝大多数的成形工艺是在机器上完成的，但在单件生产情况下，或一些形状比较复杂的钣金件，仍离不开手工操作的加工。手工操作劳动强度大，但由于使用的工具简单，操作比较灵活，至今仍被广泛采用。

（1）弯曲　手工弯曲是采用必要的工夹具，通过手工操作来弯曲板料，见表11-3。

表11-3　弯曲

类　　型	简　　图	说　　明
板料弯角形	1—角钢　2—板料　3、4—垫铁或木块	先把板料划上线，在台虎钳上用垫铁或木块夹紧，边用手扳边锤击弯角处
板料弯圆筒	a) 薄板弯圆 1—木锤　2—钢轨　3—板料 b) 厚板弯圆 1—大锤　2—弧锤　3—压料装置	薄板弯圆筒，若是咬缝，则先将两端咬缝制出，再将两端与钢轨对平行，用木锤或拍板从两端逐渐向中间敲，接口重合即将咬缝压紧或焊成，然后修圆
弯截头圆锥		先按区域在板料上划等分线条，按线条锤击，锤击力轻重要注意

（2）放边与收边　放边是使工件单边延伸变薄而弯曲成形的方法；收边是指工件某一边材料被收缩，长度减小，厚度增大的弯曲成形方法，见表11-4。

表11-4　放边与收边

类　型	简　图	说　明
放边	 $1°\pm10'$	用錾口锤进行手工放边，坯料与铁砧表面必须平贴，锤口与坯料之间倾角为1°左右，使边缘部分锤放锤击宽度约占坯料宽度的3/4，锤痕必须均匀，成放射线形
收边	 波纹合理 $h<a$　$l=\frac{3}{4}L$	先人为地将板料边缘皱褶波纹，使其达到所需要的曲率，然后把皱褶波纹在防止伸直复原的状态下锤平。此时，板料边缘皱褶消除，长度缩短，厚度增大

（3）拔缘　拔缘是指在板料的边缘，利用手工放边和收边的方法使板料弯曲成弯边，拔缘分内拔缘和外拔缘两种，拔缘的特征是圆角半径大，边缘直筒部分高度小。其目的是为了在最小重量下，增加构件的刚度，见表11-5。

（4）拱曲　拱曲是将板料用手工捶击成凸凹曲面形状的工件，通过板料周边起皱向里收，中间打薄向外拉，反复进行使之成为半球形或其他所需形状的加工方法，见表11-6。

（5）卷边　卷边是将工件的边缘卷成圆弧的加工方法，通常是在折边或拔缘的基础上进行的。卷边分夹心卷边和空心卷边两种，目的是提高薄板件的刚性和强度，并可起到光滑、美观，经久耐用的作用，见表11-7。

表 11-5　拔缘

类　型	简　图	说　明
外拔缘	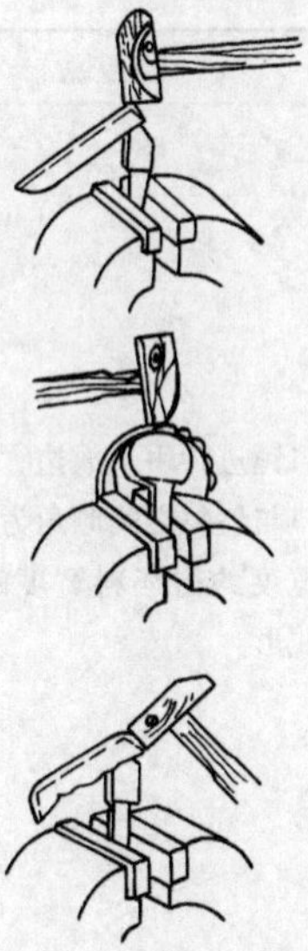	先划出拔缘宽度线，然后在铁砧上锤成圆角，且在弯边上锤出波纹，最后再锤平波纹，使弯边收缩成凸边
内拔缘	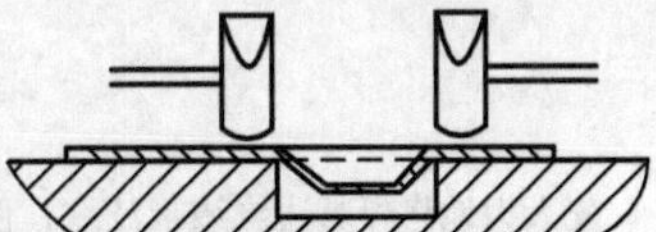	孔拔缘与外拔缘相同，在锤放时，不能锤击弯边边缘，应从根部向外逐渐锤放 拔缘中因材料延伸，易产生裂纹，及时用剪刀剪裁裂纹，倒毛刺并磨光后再拔缘

表 11-6　拱曲

类　型	简　图	说　明
顶杆拱曲	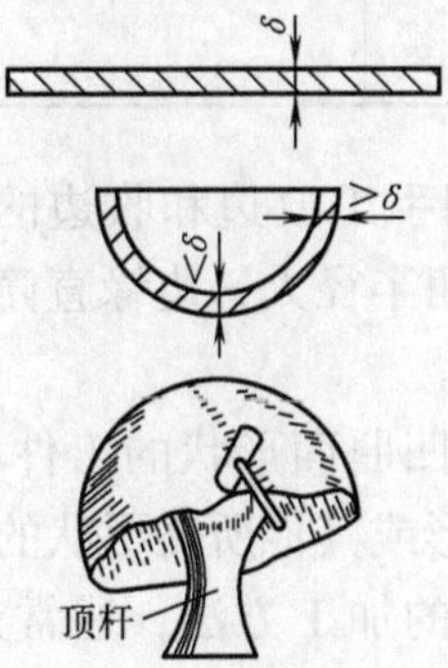	板料周边起皱收边，中间打薄向外锤放，锤击力要均匀，冷作硬化须及时退火处理

（续）

类　型	简　图	说　明
模胎拱曲	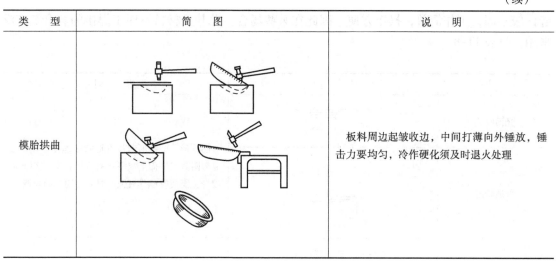	板料周边起皱收边，中间打薄向外锤放，锤击力要均匀，冷作硬化须及时退火处理

表 11-7　卷边

类型	简　图	说　明
卷边	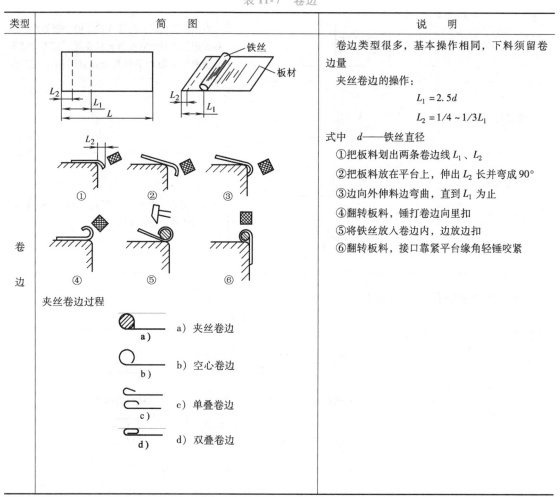	卷边类型很多，基本操作相同，下料须留卷边量 夹丝卷边的操作： $$L_1 = 2.5d$$ $$L_2 = 1/4 \sim 1/3 L_1$$ 式中　d——铁丝直径 ①把板料划出两条卷边线 L_1、L_2 ②把板料放在平台上，伸出 L_2 长并弯成 90° ③边向外伸料边弯曲，直到 L_1 为止 ④翻转板料，锤打卷边向里扣 ⑤将铁丝放入卷边内，边放边扣 ⑥翻转板料，接口靠紧平台缘角轻锤咬紧

(6) 咬缝 咬缝是把两块板料的边缘相互折转扣合，并彼此压紧的连接方法，由于咬缝比较牢固，工作简单，操作方便，因此在某些场合，尤其是材料不便于焊接的场合被广泛采用，见表11-8。

表11-8 咬缝

咬缝类型	简　图	说　明
光面咬缝	B	圆柱形、圆锥形和长方形管子连接使用。咬缝需附着在平面上或需要有气密性时使用光面咬缝，需要咬缝具有强度时才使用普通咬缝
普通咬缝	B	
角式单咬缝	B	在制造折角联合肘管和盆、桶、壶等角形连接时用角式单咬缝或角式双咬缝。在工业通风管道和机床防护罩的角形连接时用角式复合咬缝
角式双咬缝	B	
角式复合咬缝	B	
立式单咬缝	B	在连接管、肘管和从圆过渡到另一些截面时，用作各种过渡连接
立式双咬缝	B	

手工咬缝的操作步骤见表11-9。

表11-9 手工咬缝

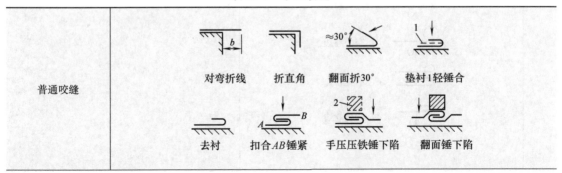

普通咬缝	对弯折线　　折直角　　翻面折30°　　垫衬1轻锤合 去衬　　扣合AB锤紧　　手压压铁锤下陷　　翻面锤下陷

（续）

立式咬缝	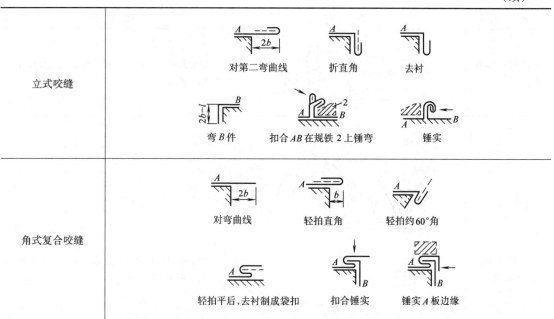

（7）校平　校平是消除板材或平板制件的翘曲、局部凸凹不平，从而达到技术要求所规定的正确几何形状，这一工艺过程称为校平，见表11-10。

表 11-10　校平

类　型	简　图	说　明
焊缝角变形校平	锤击焊缝 翻边后锤击部位	两板焊接成角变形，直接锤击焊缝，翻过来再锤击相邻部位
板料压凸周边变形校平	锤击点的位置	四周松，要锤击圆角部分，沿角向外放

（续）

类　型	简　图	说　明
减轻孔零件的校平	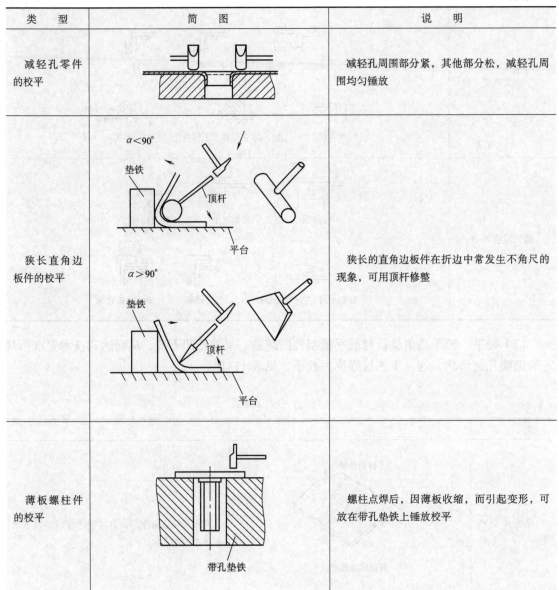	减轻孔周围部分紧，其他部分松，减轻孔周围均匀锤放
狭长直角边板件的校平		狭长的直角边板件在折边中常发生不角尺的现象，可用顶杆修整
薄板螺柱件的校平		螺柱点焊后，因薄板收缩，而引起变形，可放在带孔垫铁上锤放校平

2. 机械成形

（1）折弯　利用折弯机折制各种几何截面形状的薄板制件，如图 11-3 所示。

（2）拉延　拉延是将平板毛坯或空心半成品，利用拉延模拉延成一个开口的空心零件。利用拉延工艺可生产多种类型的零件。大体可分为三种类型：回转体零件，矩形零件，复杂形状零件，如图 11-4 所示。

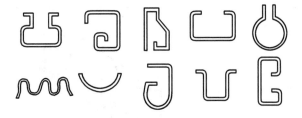

图 11-3　用折弯机弯曲的各种零件断面

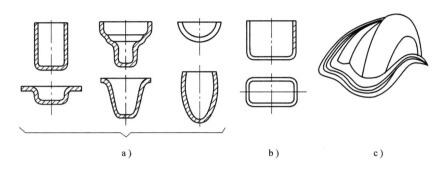

图 11-4 常见的拉延件种类

a）回转体零件 b）矩形零件 c）复杂形状零件

（3）局部成形和翻边

1）局部成形。局部成形是使板料在凹凸模作用下，使金属板变薄伸长，压出某些形状。如压肋、压包、压字、压花等，以满足零件的要求。典型的局部成形如图 11-5 所示。图 11-6 所示为汽车制动器底盘（简图）。它是先成形里面的鼓凸部分，然后进行外缘翻边。

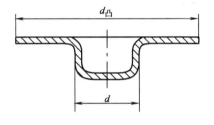

图 11-5 典型的局部成形   图 11-6 汽车手制动器底盘

2）翻边。翻边是利用模具将零件的孔边缘或外边缘翻出竖立的边缘。翻边是钣金工常用的工艺方法，根据零件边缘的性质和应力状态，翻边可分为内翻边和外翻边两种，如图 11-7 所示。

（4）缩口和胀形

1）缩口。通过缩口模使圆筒形或管形工件敞口处直径缩小的一种成形工序，如图 11-8 所示。

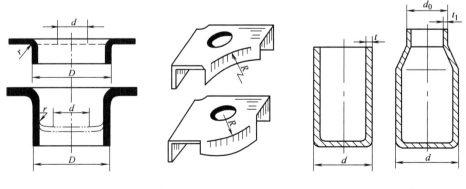

图 11-7 内翻边与外翻边   图 11-8 空心件缩口

缩口的方式很多，常见的有支承成形缩口（图11-9）；外支承成形缩口（图11-10）；内外支承成形缩口（图11-11）等。

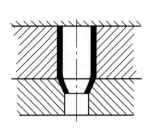

图11-9 支承成形缩口

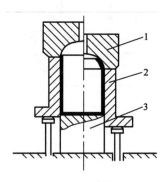

图11-10 外支承成形缩口

1—凹模 2—套筒 3—顶坐

2）胀形。利用模具强迫板料厚度减薄和表面积增大，得到所需的几何形状和尺寸的制件，这种工艺方法称为胀形，如图11-12所示。

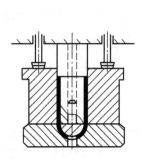

图11-11 内外支承成形缩口

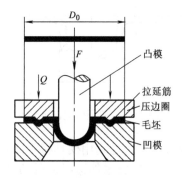

图11-12 胀形

胀形时，工件的塑性变形仅局限于变形区范围之内，变形程度取决于材料的塑性，材料塑性越好，延伸率越大，则可能达到的极限胀形系数也越大。

（5）校平与整形 利用模具使坯件局部或整体产生不大的塑性变形，以提高工件形状及尺寸精度的冲压成形方法称为校平与整形。

校平与整形允许的变形量都很小，因此，必须使坯件的形状和尺寸相当接近制件。校平与整形后制件的精度取决于模具成形部分的精度。

校平多用于冲裁件，消除其拱弯造成的不平。对薄料，表面不允许有压痕的制件，一般用光面校平模，如图11-13所示。

整形一般用于弯曲、拉延成形工序之后，整形模与一般成形模具相似，但工作部分定形尺寸精度高，表面粗糙度 Ra 值要求更低，圆角半径和间隙值都较小。

（6）旋压 旋压是将平板坯料或半成品工件，利用旋压机或供旋压用的车床的旋转，以芯模和手用工具（俗称赶棒）使材料逐步变形到所需求的工件形状的一种加工方法，如图11-14所示。

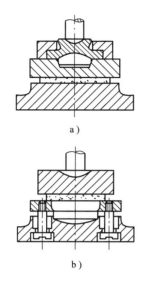

图 11-13 通用光面校平模
a）浮动上模 b）浮动下模

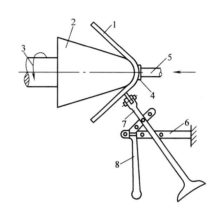

图 11-14 旋压原理图
1—毛坯 2—模胎 3—主轴 4—压块 5—尾
顶针 6—支架 7—旋棒 8—助力臂

用旋压方法可以完成各种形状旋转体的拉延，翻边，缩口、胀形等工序，旋压使用的设备及工具都比较简单，可加工形状相当复杂的旋转体零件；缺点是生产效率低，劳动强度大，比较适用于试制及小批量生产。

第二节　薄板的焊接和切割

一、薄板的焊接

焊接是通过适当的手段，使两个分离的固体产生原子（分子）间结合而连成一体的连接方法。

随着科学技术的不断发展，各种焊接方法的不断涌现，先后出现了焊条电弧焊、气体保护焊、冷压焊、高频电阻焊、超声波焊、等离子弧焊、激光焊等20余种基本焊接方法。同其他连接方法相比，焊接具有强度高、节省材料、密封性好、简化作业程序、生产效率高等优点。广泛应用于机械制造与维修、汽车制造与维修等行业。在汽车钣金修理作业中，焊接是必不可少的一种工艺方法，特别是气焊、CO_2 气体保护焊及点焊在汽车钣金的薄板焊接中应用更为广泛。

1. 薄板的气焊

气焊时焊件的加热比电焊时平缓，所以特别适合于0.2～3mm 的金属焊件。气焊使用的氧气源是压力为 15MPa 的钢瓶。用于储存和运输乙炔的压力容器是乙炔瓶，工作压力为 1.5MPa。

气焊炬用来产生气焊火焰，使用最广的是射吸式焊炬，它由主体、乙炔调节阀、氧气调节阀、喷嘴、射吸管、混合气管、焊嘴、手柄、乙炔管接头和氧气管接头组成，如图 11-15

所示。

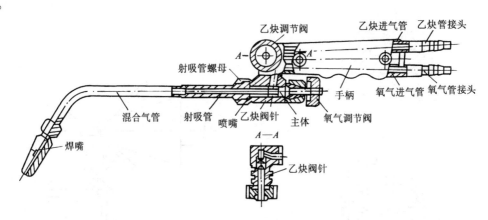

图 11-15　低压焊炬的构造

射吸式焊炬在低压或中压下工作，使用比较安全。焊炬中氧气以 0.1 ~ 0.4MPa 压力与 0.001 ~ 0.1MPa 压力的乙炔均匀地按一定比例（体积约为 1∶1）混合，并以相当高的流速喷出，在焊嘴的出口处经燃烧形成焊接火焰。

氧气-乙炔焰由三个区组成：焰心 1、内焰 2（焊接用）和外焰 3（l 为长度），如图 11-16 所示。从图中可以看出气焊火焰的组成情况和温度沿火焰轴线的分布情况。在焰心区，混合气体从焊嘴喷出逐渐被加热到燃点；在内焰区，乙炔依靠氧气进行第一阶段燃烧；在外焰区，乙炔靠大气中的氧气进行燃烧。

对钢材进行气焊时，根据被焊板材的化学成分来选择填充焊丝。对有色金属和某些特殊的合金进行气焊时，要采用焊剂。焊剂的作用是溶解氧化物并形成容易从焊接熔池表面浮出的焊渣。焊剂中可加进使熔敷金属脱氧和合金化的各种元素。

对薄板进行气焊时，当板厚为 0.5 ~ 1mm 时，宜采用卷边接头及角接接头；当板厚小于 3mm 时，可采用不开坡口的对接接头；当板厚小于或等于 4mm 时，可采用搭接接头或 T 形接头，但这种接头会使焊件焊后产生较大变形。气焊接头形式如图 11-17 所示。

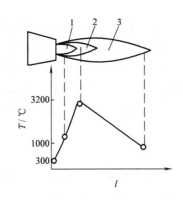

图 11-16　火焰的构形与温度分布

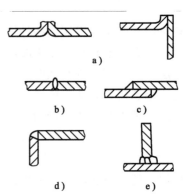

图 11-17　气焊接头形式

a）卷边接头　b）对接接头　c）搭接接头

d）角接接头　e）T 形接头

为保证焊接质量及焊件之间的装配关系，气焊前，应对焊接接头处的油污、油漆、铁锈及水分进行彻底清理。清理后，对焊件进行定位焊，以确保焊件的装配关系。薄板定位焊可由中间向两头进行，焊缝长度为 5～7mm，间距 50～100mm，焊接顺序如图 11-18 所示。

汽车钣金件大多为低碳钢，厚度一般小于 2mm，属于薄板件，焊接性较好，所以气焊时不必进行焊前预热及焊后热处理等特殊的工艺措施，也不必开坡口，一般采用不卷边的对接接头，先用砂纸、钢丝刷或气焊火焰清除焊丝及被焊件接头处的油、油漆、铁锈、水及其他脏物，以免产生孔、夹渣等焊接缺陷。应该注意的是，在焊接过程中一定要采取防止变形的措施。

图 11-18 薄板定位焊接顺序

2. 气体保护电弧焊

气体保护电弧焊是以电弧作为热源的熔化焊接方法。进行气体保护电弧焊时，电极、电弧区以及焊接熔池都处在保护气流的保护之下。采用氩气保护时，焊缝表面没有氧化物和夹杂，可以在任何空间位置施焊，用肉眼即可观察焊缝的成形过程并随时进行调整，生产效率较高。CO_2 气体保护焊由于 CO_2 气体来源广、价格低，而且焊接耗电少，故成本低，约为焊条电弧焊的 40% 左右。尤其是在金属薄板焊接方面，气体保护焊具有独特的优越性。因此在焊接生产中应用日益广泛。

（1）CO_2 气体保护焊 CO_2 气体保护焊是以 CO_2 作为保护气体，依靠焊丝与焊件间产生的电弧来熔化金属的一种气体保护焊方法。其过程如图 11-19 所示。

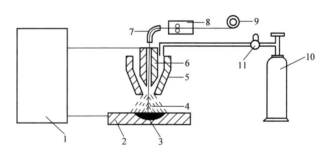

图 11-19 CO_2 气体保护焊过程示意图

1—焊接电源 2—焊件 3—熔池 4—保护气体
5—气体喷嘴 6—导电嘴 7—软管 8—送丝机
9—焊丝盘 10—CO_2 气瓶 11—气体流量计

焊接设备主要由焊接电源、焊枪、送丝机及供气系统组成，焊机电源的两输出端，正极接在焊枪上，负极接在焊件上，盘状焊丝由送丝机送入导电嘴内，随着焊接过程的进行，焊丝不断向熔池送进，同时气瓶中送出的 CO_2 气体以一定的压力和流量从焊枪中的喷嘴喷出，形成保护气流，防止空气侵入熔池和电弧区内。随着焊枪的不断移动，熔池金属冷却，形成焊缝，焊件被焊接在一起。

CO_2 焊的熔滴过渡主要有两种形式，即短路过渡和颗粒状过渡。细丝 CO_2 焊多采用短路过渡形式，由于短路频率高，所以电弧稳定，飞溅小，焊缝形成良好，比较适用于金属薄板的焊接。但用于金属薄板的焊接时，一般应采用向下立焊的方法。这是因为焊接时，CO_2 气流有承托熔池金属的作用，使熔池金属不易下坠，操作简便，焊缝形成美观。

粗丝 CO_2 焊一般采用颗粒过渡形式，由于过渡过程的稳定性较差，飞溅大，焊缝成形较粗糙，多用于中、厚板的焊接。

（2）钨极氩弧焊　钨极惰性气体保护焊是用高熔点的纯钨或钨合金作为电极，用惰性气体（氩气、氦气）或其混合气体作为保护气体的一种非熔化极电弧焊方法。通常把用氩气作保护气的钨极惰性气体保护焊称为钨极氩弧焊。

手工钨极氩弧焊和自动钨极氩弧焊在进行金属薄板焊接时一般不加填充焊丝，而进行中、厚板（板厚大于6mm）焊接时，均需另外加入填充焊丝。在焊接时，钨极易熔化和烧损，因此，焊接电流不宜过大，而电弧功率的限制导致焊缝熔深较浅，焊接生产率较低，所以钨极氩弧焊主要用于薄金属件的焊接。

钨极氩弧焊分直流钨极氩弧焊、交流钨极氩弧焊和脉冲钨极氩弧焊。一般情况下，直流钨极氩弧焊用于焊接除铝、镁及其合金以外的各种金属材料；交流钨极氩弧焊一般用于焊接铝、镁及其合金；而脉冲钨极氩弧焊则用于焊接时对热敏感较大的金属材料和薄板以及全位置焊等。

手工钨极氩弧焊设备由主电路系统焊接枪、供气系统，冷却系统和控制系统等组成。

焊接前，为确保钨极氩弧焊的质量，必须对焊件与焊丝表面进行处理，去除金属表面的氧化膜、油污等杂质，否则在焊接过程中将直接影响到电弧的稳定性而使焊缝产生气孔和未熔合等焊接缺陷。

（3）点焊　点焊是在若干点上把焊件焊合在一起的焊接方法。点焊时，对焊件的加热是利用电流直接通过焊件内部及焊件间接触电阻产生的热量来实现的。当焊件接触处加热到熔化状态，形成液态熔池，并使液态金属达到一定数量时断电，在压力的作用下，经冷却凝固，形成焊点，如图 11-20 所示。

点焊的接头形式如图 11-21 所示。点焊可用于把两个或多个钣金件（或冲压件）连接成为一体，这样可简化焊接件的制造工艺，提高劳动生产率，特别适宜薄金属板（0.5～5mm）的焊接。

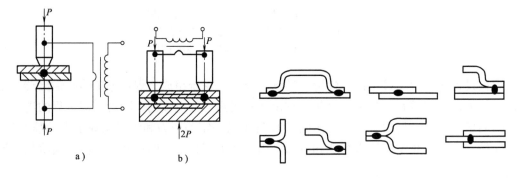

图 11-20　接触点焊示意图　　　　　　图 11-21　点焊的接头形式

a）双面点焊　b）单面点焊

二、薄板的切割

1. 气割

气割是利用气体火焰的热能将工件待气割处预热到一定温度后，喷出高速切割氧流，使其燃烧并放出热量来实现气割的方法。

气割所使用的设备与气焊完全相同，但气焊使用的工具是焊炬，而气割所使用的工具是割炬。割炬又称割刀，是气割工件的主要工具，如图11-22所示。割炬的作用是使乙炔与氧气按一定比例（1:1～1:2）混合经燃烧形成具有一定形状和能率的预热火焰，并在预热火焰中心喷出较高压力的切割氧气流，以便进行气割。

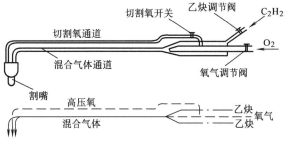

图 11-22　射吸式割炬的工作原理图

进行薄板（2～4mm）气割时，因板材较薄，受热快，散热慢，如果气割速度过慢或预热火焰能量过高，不仅使钢板变形大，而且会造成前面割开而后面又粘合在一起的现象。为了保证切割质量，应采用较小火焰和小号割嘴，向气割反方向倾斜（25～45）°C，以增加气割厚度，割嘴与工件表面的距离应保持在10～15mm，气割速度要尽可能地快，如图11-23所示。

2. 空气等离子弧切割

空气离子弧切割是利用温度达15000～30000°C的等离子弧进行切割的工艺方法。它的基本原理是：以高温、高速的等离子弧为热源，将切口金属及其氧化物熔化，并利用压缩高速气流的机械冲刷力将其吹走而形成狭窄切口的过程，如图11-24所示。

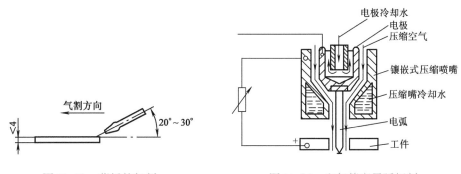

图 11-23　薄板的气割　　　　　　　　　图 11-24　空气等离子弧切割

空气等离子切割目前已广泛应用于切割不锈钢、铜、铝合金及非金属材料，并大量用于碳钢板，尤其是薄钢板，其割缝质量已超过气割，割缝狭窄，光洁整齐，无粘渣，笔直，变形小，热影响小，切割速度明显高于气割，且综合成本低。

第三节　变形薄板的成形修复

薄板变形的原因有二种：一种是受外力后产生的变形；一种是由于内应力而引起的变

形，不论哪种变形都是由于板材内一部分纤维组织与另一部分纤维组织长短不一而造成的，修复就是通过外力或局部加热的作用，使板材较短部分的纤维组织伸长或使较长部分的纤维组织缩短，最终使各纤维组织长短一致且均匀分布。

薄板变形的修复分手工修复，机械修复及火焰修复三种方法。

一、手工修复

对于因受外力而产生塑性变形的薄板，其内部纤维组织致密的程度不均匀，形成不平衡的内应力，致使有的部位受外力伸长而凸起，而未伸长部分由于受伸长部分的影响而发生翘曲。所以修复的方法应针对变形部位采取有效措施，使板材内部纤维组织松弛的地方收缩，内部纤维组织过紧的地方伸长，促使内部纤维组织均匀一致，达到修复的目的。

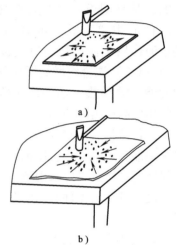

图 11-25　平板的修复
a）中间松、放四周
b）四周松、放中间

在修复之前，首先应针对薄板变形的情况进行判断，将凹凸不平的薄板放在无孔的平台上。由于薄板刚性差，有的部位凸起，有的部位与平台相贴，显然凸起的部位内部纤维组织松弛，与平台相贴部位内部纤维织组过紧。对于中间松，四周紧的变形薄板，要用手锤锤放四周，捶击方向由里向外，捶击点要均匀并越往外越密集，捶击力也越大，这样即可使四周材料纤维组织逐渐伸长，使凸起的部位得到修复，如图 11-25a 所示。

图 11-25b 所示为变形薄板中间部位与平台相贴，周边扭动成波浪形，此时中间紧，周边松。修复的方法是先用橡皮带抽打周边，使材料收缩，再用手锤捶放中间部位，捶击方向由外向里，捶击点要均匀，而且越往里越密，捶击力也越大。

二、机械修复

机械修复是借助各种设备，如滚板机、拉伸机、滚圆机、专用校平机及各种压力机等进行修复的方法。

三、火焰修复

由于薄板无论是受外力产生的变形，还是焊接应力引起的变形，其变形形式主要表现为波浪变形，因此，应针对薄板波浪变形的形式及程度加以修复。

当板材变形为波浪形时，先将薄板三条边固定在平台上，使波浪集中在一边上，如图 11-26 所示，用氧乙炔焰以线状加热法加热，先从凸起的两侧开始，加热线的长度约为板宽的 1/3 ~ 1/2，加热宽度在 10 ~ 20mm 之间，如第一次加热不能修复，则进行第二次修复，但加热位置应与第一次错开。为提高修复速度，火焰加热的同时用水急冷，修复完钢板的一边后，再用同样的办法修复另一边。

当板材中间凸起时，采用火焰修复应将钢板四周压紧，在中间凸起两侧平的地方开始进行线状加热，逐步向凸起处围拢。加热线的分布和顺序如图 11-27 所示。

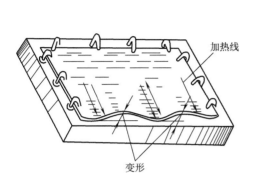

图 11-26 薄板火焰的修复

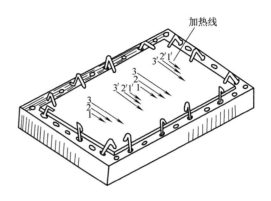

图 11-27 薄板中间凸起的火焰修复

本 章 小 结

本章主要介绍了薄板的下料和成形方法、薄板的焊接和切割方法、变形薄板的成形修复方法，通过学习和实际训练，学生应掌握钣金维修的基本技能。

思 考 题

1. 薄板的成形有哪几种方法？各有哪些特点？
2. 薄板焊接有几种方式？应注意哪些事项？
3. 变形薄板的修复有几种方法？

大国工匠——张德勇

张德勇是中国嘉陵工业股份有限公司（集团）的钳工高级技师。他 19 岁入行，20 岁开始独立承担项目，27 岁拿到技师资格，32 岁成为高级技师。"切、锉、削、磨、攻……钳工就是手上功夫，实践性强，所以工作时间越长、经验越多，解决问题的办法就越丰富。"张德勇把钳工比作"万金油"，那些机器不适宜或不能解决的加工，都可以由钳工来解决。2005 年，中核集团一个检测核反应堆里核燃料组件的高精密检测专用设备改造项目颇为棘手。张德勇主动承接了这项改造任务。通过查找大量资料，认真分析技术要点，仅用了半个月，就独立完成了 500 余个零部件的安装。最终，各项技术指标全部符合设备技术验收标准。

"人的价值不在于赚多少钱，而在于能在岗位上创造多少价值。"这是张德勇作为一个大国工匠的初心。

参 考 文 献

［1］韩彩娟. 钳工实训指导［M］. 哈尔滨：哈尔滨工程大学出版社，2017.

［2］戴国东. 钳工技能训练［M］. 5 版. 北京：中国劳动社会保障出版社，2014.

［3］翁其金. 冲压工艺及冲模设计［M］. 2 版. 北京：机械工业出版社，2012.

［4］张远明. 金属工艺学实习教材［M］. 北京：高等教育出版社，2013.

［5］徐峰. 焊接工艺简明手册［M］. 2 版. 上海：上海科学技术出版社，2014.